헤어컬러링 교육방법론

Methodology of Hair Coloring

곽진만·김진숙·류은주·박 용·신화남·이복희·이옥규

청구문화사

1강 색채이론과 실무

2강 염색 기초이론과 실무

3강 염색 기법의 실제

4강 디자인 헤어 컬러

학습모듈 구성 안내

소 개

헤어컬러는 국가 직무능력표준(National Competency Standards)능력단위로서 필수교과로서 기본 헤어컬러와 응용헤어 컬러로 구성된다.

구 성

본서(本書)의 구성은 기본 헤어 컬러와 응용 헤어 컬러링의 학습 내용을 통합하여 구성하였으며, 학습 자료는 학습안내, 자기진단, 학습내용으로 구성되어 있다.

학습 안내는 전체적인 개요와 구성을 설명하고, 학습자에게 효과적인 활용방법 및 학습방법을 안내하는 역할을 한다. 자기진단은 학습 내용을 학습하기 전에 학습자의 능력에 대한 수준을 진단하고, 필요한 학습활동을 안내하는 역할을 한다.

Ⅰ. 헤어 컬러링 교육 방법론의 학습 내용은 4단원으로 구성되어 있다.

1강은 색채이론과 실무로 색채의 이해, 2차 색상과 3차 색상, 색상의 중화, 색체의 심리를 다루었다.

2강은 염색 기초이론과 실무로서 패치 테스트, 염모제의 종류와 특징, 반영구적 염모제의 시술, 산화 영구 염모제의 시술, 탈색의 원리 이해, 블리치 레벨의 이해, 결과색상, 고객 상담과 모발 진단, 신생모(Virgin Hair) 도포 방법의 이해, 재염색 도포방법의 이해로 구성하였다.

3강은 염색 기법의 실제로 고객의 스타일 분석을 통한 고객 상담과 재염색의 일치성 판단을 통한 염색의 시술 방법 분석, 재염색 시의 시술 방법, 재염색의 레벨업과 레벨다운, 백모 커버 실무로 구성하였다.

4강은 디자인 헤어 컬러의 전반적인 개요를 정리하였으며, 디자인의 구성요소, 염색기법의 실무에 따른 질감 표현(위빙, 슬라이스) 방법, 호일 워크 등 예시를 통하여 염색디자인의 표현 방법과 활용을 완성도 있게 구성하였다.

본서의 구성은 학습개요, 목표, 지식, 기술, 요점정리, 평가로 구성됨으로서 전문적인 헤어 컬러리스트의 역량기반을 제시하였다.

특히 종합평가에서는 개념과 원리에 근거한 기술을 표현함으로서 태도(능력)가 갖추어짐은 성취수준을 평가하고, 부족한 부분을 피드백이 되도록 체크리스트가 제시되어 있다.

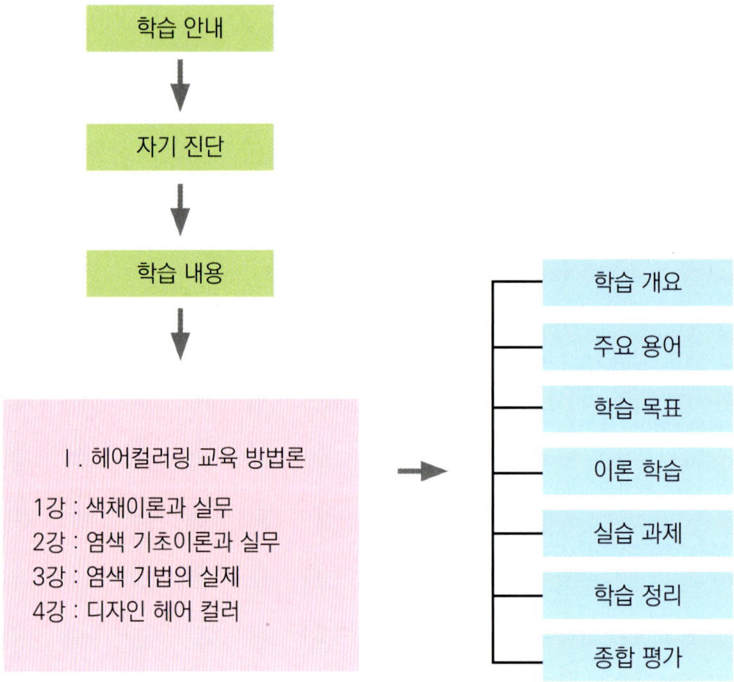

[교재 개발 구성도]

자가진단 체크리스트

자가진단 체크리스트

다음은 입직업무를 수행하는데 요구되는 능력 수준을 알아볼 수 있는 체크리스트이다. 본인의 평소 행동을 잘 생각해 보고, 일치하는 정도에 ✓표 해 보자.

영역	문항	미흡하다	보통이다	우수하다	매우우수
색채이론과 실무	1. 색상에 대해 이해함으로써 2차 색상과 3차 색상을 만들 수 있다.	①	②	③	④
	2. 중화의 개념과 원리를 이해해고 결과를 만들 수 있다.	①	②	③	④
	3. 색채의 심리	①	②	③	④
염색 기초이론과 실무	4. 염모제의 종류와 특징 설명할 수 있다.	①	②	③	④
	5. 반영구 염모제의 시술을 할 수 있다.	①	②	③	④
	6. 패치 테스트 시술 방법에 관하여 설명할 수 있다.	①	②	③	④
	7. 산화 영구 염모제에 관하여 설명할 수 있다.	①	②	③	④
	8. 탈색의 원리와 블리치 레벨 진단과 결과를 만들 수 있다.	①	②	③	④
	9. 염색의 결과색상에 관하여 설명할 수 있다	①	②	③	④
염색기법의 실제	10. 고객 상담과 모발 진단이 활용할 수 있다.	①	②	③	④
	11. 버진헤어에서 염모제의 도포방법을 설명하고 시술할 수 있다.	①	②	③	④
	12. 재염색 도포방법을 설명하고 시술할 수 있다	①	②	③	④
	13. 백모 염색의 시술방법과 활용을 할 수 있다.	①	②	③	④
디자인 헤어컬러	14. 염색기법으로 위빙, 슬라이스 시술 및 활용을 할 수 있다.	①	②	③	④
	15. 염색기법으로 호일워크 시술 및 활용을 할 수 있다.	①	②	③	④

진단방법

체크리스트의 문항별로 자신이 체크한 결과를 아래 표를 이용하여 해당하는 개수를 적어보자.

문항 번호	학습 내용	수준	개수
1-3	1강. 색채이론과 실무	미흡하다	( )개
		보통이다	( )개
		우수하다	( )개
		매우 우수하다	( )개
4-9	2강. 염색 기초이론과 실무	미흡하다	( )개
		보통이다	( )개
		우수하다	( )개
		매우 우수하다	( )개
10-13	3강. 염색기법의 실제	미흡하다	( )개
		보통이다	( )개
		우수하다	( )개
		매우 우수하다	( )개
14-15	4강. 디자인 헤어 컬러	미흡하다	( )개
		보통이다	( )개
		우수하다	( )개
		매우 우수하다	( )개

진단결과

체크리스트에 따라 자신의 수준을 진단한 후 부족한 부분의 내용을 학습하시오.

오리엔테이션

[오리엔테이션의 나의 기분]

첫 학기를 시작하여 새로운 환경 새로운 학우들과 첫 날의 여러분의 기분은 어떠신가요?

새로운 환경에 대한 호기심, 부끄러움, 지난 밤 설렘에 잠을 설쳐 피곤함 등 여러분의 기분을 선택하여 보세요.

자기소개서

성명		학번	
생일		나이	
C.P		E-mail	
비상 연락망		취미	
주소			

본교에 입학 동기와 미용학과에 관심을 갖게 된 동기	
졸업 후 목표	
졸업 후 목표를 위한 실천 계획	
내 인생의 최종 목표	
내 인생의 최종 목표를 위한 실천 계획	
학과 수업에 바라는 점	
학우들에게 바라는 점	

1강

색채이론과 실무

학습 개요

우리 눈으로 보이는 색은 빛에 의해 드러나며, 색상은 보이는 시각을 통해 신경물질이 뇌로 전달됨으로써 통합적인 색지각을 이루어 낸다. 이 단원에서는 색채의 이해를 통하여 2차 색상과 3차 색상의 활용과 색상 중화의 테크닉, 색채의 심리 등을 알아본다.

주요 용어

먼셀 색채계(Munsell Color System), 나노-미터(Nanometer), 색의 3속성, 삼원색(Chromo Phores), 2차 색상, 3차 색상, 보색과 색상의 중화. 색체의 심리

01 색의 법칙

학습목표

1. 1차 색상을 설명할 수 있다.
2. 2차 색상을 설명할 수 있다.
3. 12색상환 컬러차트를 만들 수 있다.

1. 색과 색채

색은 빛의 물리적 현상으로서 파장의 길이의 특성에 따라 나타난다. 이는 색지각으로서 관념적인 상징체계인 색의 범주를 갖는다.

1) 빛

일반적으로 빛인 태양광선은 백색광으로서 우리 눈으로 지각 되는 빛(가시광선)의 범위는 380~780nm 파장으로서 프리즘에 빛을 통과 시키면 빨강, 주황, 노랑, 초록, 파랑, 남색, 보라의 단색광으로 분광된다. 이와 같이 분광된 띠를 스펙트럼이라고 한다.

> 알아두기
>
> 380~450nm는 보라, 450~500nm는 파랑, 500~570nm는 녹색, 570~590nm는 노랑, 590~620nm는 주황, 620~780nm의 범위는 빨강에 해당된다.

MEMO

MEMO

프리즘을 통과한 빛은 굴절현상으로서 파장이 길면 굴절률이 작으나, 파장이 짧으면 굴절률은 길어진다. 780nm 이상의 파장을 적외선이라 하고 380nm 이하의 단 파장으로서 자외선이라 한다.

> **알아두기**
>
> 380~450nm는 보라, 450~500nm는 파랑, 500~570nm는 녹색, 570~590nm는 노랑, 590~620nm는 주황, 620~780nm의 범위는 빨강에 해당된다.

2) 색

색은 빛의 현상이다. 빛은 물체에 접촉되어 가시광선의 파장이 분산되어 물체의 특성에 따라 특정한 파장은 반사하고 나머지는 흡수하거나 투과하는 현상에 의해 색이 결정된다. 따라서 물체의 색을 지각하는데 있어서 광원(빛), 반사체(물체), 시각(관찰자)는 중요한 요소가 된다.

<그림 Ⅰ-1> 가시광선의 범위

(1) 1차색

빨강, 노랑, 파랑은 다른 색으로 만들어 낼 수 없는 원색이다. 즉 인공적으로 만들 수 없는 색소발현체로서 기본색이라 한다.

<그림 Ⅰ-2> **염색의 3원색(색의 3원색)**

(2) 2차색

원색을 같은 양으로 혼합하였을 때 얻어지는 색, 즉 등화색(2차색)이라 한다.

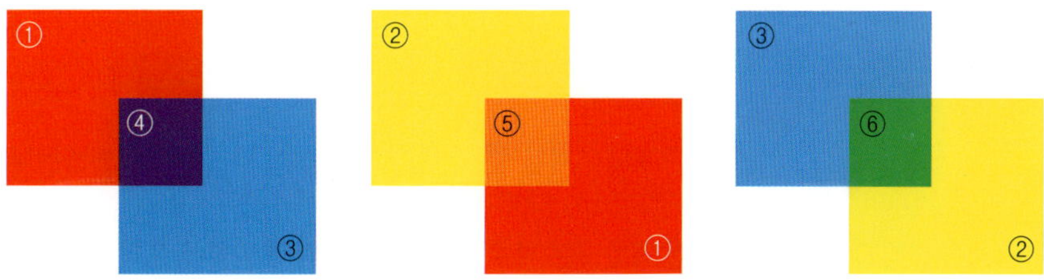

(a) ① 빨강 + ③ 파랑 = ④ 보라 **(b)** ② 노랑 + ① 빨강 = ⑤ 주황 **(c)** ③ 파랑 + ② 노랑 = ⑥ 초록

<그림 Ⅰ-3> **2차 색상**

(3) 3차색

원색 한 가지를 이에 근접한 등화색 중 하나와 같은 양을 혼합했을 경우 얻어지는 색이다.

MEMO

MEMO

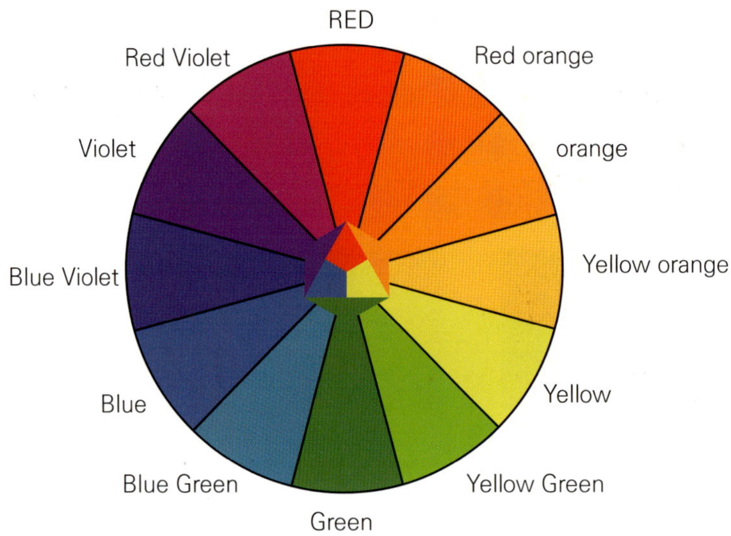

<그림 Ⅰ-4> 12 색상환표

알아두기

색(Color)

- 색은 모두 빛이며, 사물과 관계된 내재된 성격이나 특성 그리고 다양성을 표현하는 수단이다.
- 시각은 빨강, 노랑, 파랑의 물체를 구분 지으며 물체가 포함하고 있는 일련의 색상들은 광선 중 몇 가지를 흡수하고 다시 망막에 반사시킨다. 예로서 빨간 물체의 색상은 모든 색을 받아들이지만 단지 빨간색만을 받아들이지 않으며 망막에서 반사시킨다. 따라서 모든 광선을 흡수하는 물체는 우리에게 갈색 또는 검은색으로 보인다. 반면 흰색의 물체는 모든 광선을 반사시킴으로서 흰색으로 보인다.

3) 색채

(1) 색의 3속성

색을 인지하는데 있어서 세 가지 요인을 통해 그 색의 특성을 파악할 수 있는데 이를 색의 3속성이라 하며 빛의 파장과 연관되어있는 색상, 밝고 어두운 정도를 표시하는 명도, 색의 순수한 정도를 나타내는 채도가 있다.

알아두기

색상, 채도, 명도에 대한 색지각(Color Perception)과 색명의 표색방법 등을 나타낸다. 이는 기본지식인 색상환(Color Wheel)을 통해 결과색상의 고유표로서 염모 시장의 제품으로 창조되고 시판된다.

① 색상(Hues)

물체의 표면에서 반사되는 파장의 종류에 의해 색과 색상을 구별하는데 필요한 색채 이름(명도와 채에 관계없는)으로 빨강(R), 주황(YR) 노랑(Y), 연두(GY), 녹색(G) 청록(BG), 파랑(B), 남색(PB) 보라(P) 자주(RP) 등 10종으로 나눈다. 이를 등간격으로 원주상 배치함으로써 이를 색상환이라 한다.

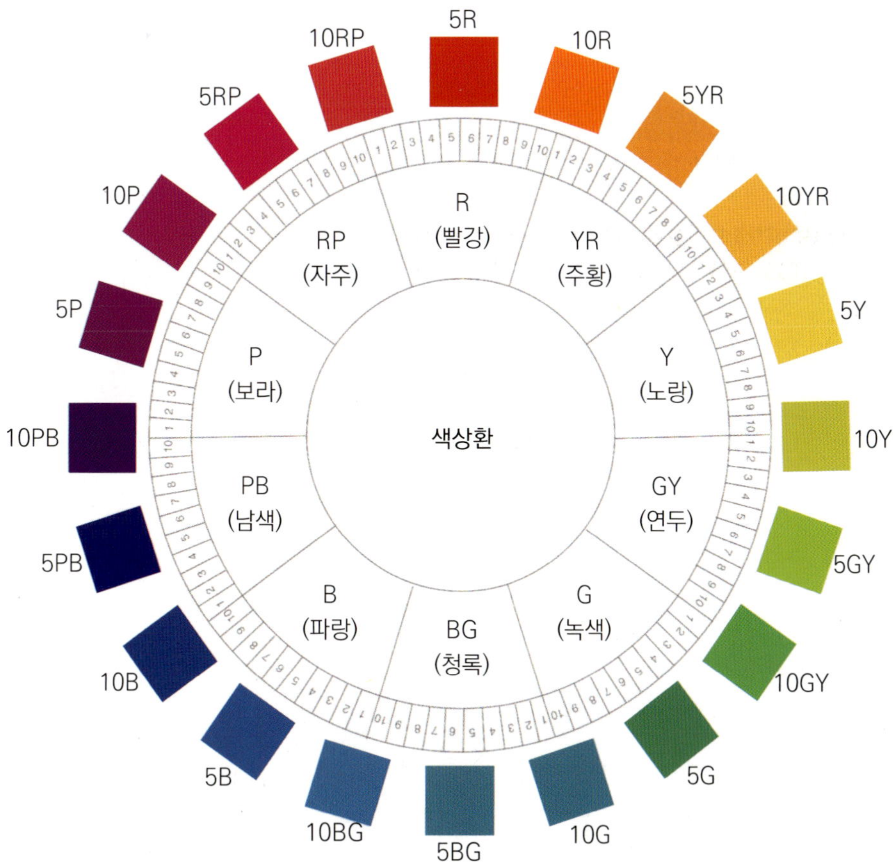

<그림 Ⅰ-5> **먼셀의 색상환표**

MEMO

MEMO

② 채도(Chroma)

색채의 강하고 약함의 정도로서 색의 선명도(포화도)를 나타낸다. 스펙트럼 색에 가까울수록 채도가 높아지고 가장 높은 색을 그 색상의 순색이라고 한다.

③ 명도(Values, Light)

사물의 밝고 어두운 정도로서 흰색(10)~검정(0) 사이의 회색단계를 11단계로 나누었다. 이는 색의 밝기 또는 깊이 정도를 나타낸다.

<그림 Ⅰ-6> 유채색의 명도 단계

<그림 Ⅰ-7> 명도 단계

<표 Ⅰ-1> 12색상환

1차색(기본색)	2차색(등화색)	3차색
빨강(Red)	보라색(빨강+파랑)	자주색(빨강+보라)
		다홍색(빨강+주황) 다홍색(빨강+주황)
노랑(Yellow)	주황색(빨강+노랑)	오렌지색(노랑+주황)
		연두색(노랑+초록) 연두색(노랑+초록)
파랑(Blue)	초록색(노랑+파랑)	청록색(파랑+초록)
		남색(파랑+보라)

알아두기

예를 들어 색상을 혼합하는데 있어서 파랑과 빨강을 1:1의 비율로 혼합했다고 가정을 했을 때, 결과가 주황의 결과를 얻게 될 것인가? 그러나 염모과정에서의 결과는 아니다, 산성 염모제를 만들어 내는 회사마다 색상의 짙기 정도가 다르므로 A사의 제품 혼합 비율이 빨강과 파랑을 혼합하여 보라는 만드는데 2:1의 혼합을 하였다고 가정을 한다면, B사의 제품 역시 같은 비율로 보라가 될 수도 안 될 수도 있다. 이는 제조사 마다 색소를 함유하는 양이 다르다는 의미이다.

흰 도화지 위에서는 어떤 색상을 사용해도 사용한 결과를 얻을 수 있지만 염색은 항상 모발의 바탕색과 염모제 색상이 겹쳐져(Under coat) 결과색을 나타낸다. 우리가 사용 할 탈색모는 매우 밝은 금발(레벨 10)위에서 그 결과를 만들려고 한다. 노랑바탕이 있는 상태에서 노랑과 빨강을 혼합 하여 오렌지를 만들어 도포 하였다면 결과는 어떨까? 원하는 오렌지의 결과보다는 조금은 노랑의 색상이 많은 주황의 결과를 얻게 된다. 이것을 기억하고 색상을 혼합하여야 한다.

MEMO

MEMO

실습 과제: 색의 범주 실습 (소요시간 60분)

모발의 명도(우리나라 기준 명도 2-4)가 갖는 바탕색은 3원색으로 구성되어 있다. 이와 같이 3원색을 지닌 모발 내 자연색소의 농축 정도가 클수록 모발색은 갈색에서 어두운 갈색으로 보인다.

· 실습 준비물

탈색모 스와치(9레벨, 7cm×15cm), 반영구 염모제(빨강, 노랑, 파랑) 각 1개, 염색 브러시 3개, 염색 보울, 호일(30cm 길이) 4장, 산성샴푸·린스, 타월, 블로 드라이어

1) 실습 진행방법

(1) 탈색모 스와치를 호일 위에 올려놓는다.

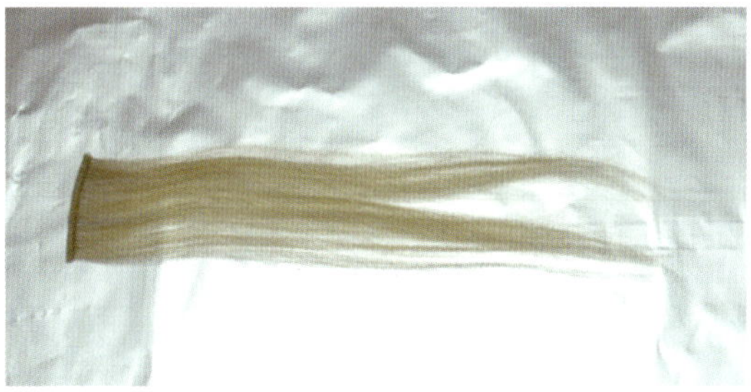

<그림 Ⅰ-8> 탈색모 10레벨

(2) 스와치 상단 3cm 띄우고 반영구 염모제(빨강)를 사용하여 도포한다.

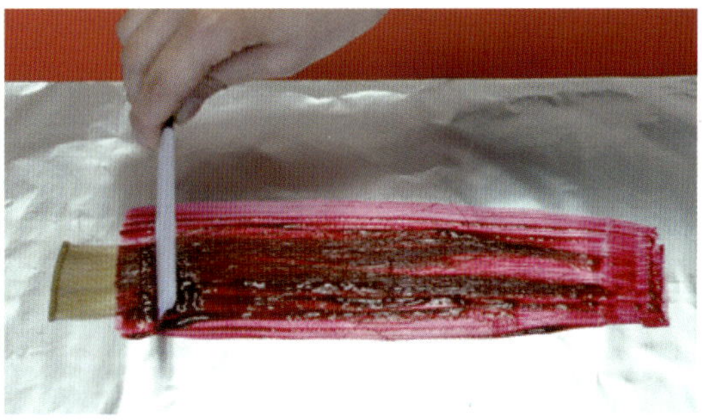

<그림 Ⅰ-9> 빨간염료 도포

(3) 1차 도포된 스와치 상단 3cm 띄우고 반영구 염모제(노랑)를 사용하여 오버 랩 되도록 도포한다.

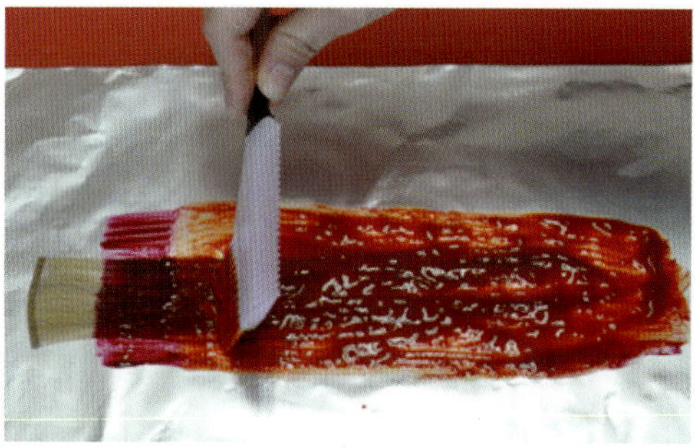

<그림 Ⅰ-10> **노랑염료 도포**

MEMO

알아두기

브러시 각도에 따라 염모제의 도포량을 조절할 수 있다.

브러시를 직각에 가깝게 하여 도포하면 염모제가 두발 가닥가닥 골고루 발라지지 않는다. 브러시를 예각으로 하여 도포 시 도포량은 충분하다. 이는 원하는 모발 색을 발색시킬 뿐 아니라 얼룩을 방지한다.

(a) 브러시 각도 직각(90°)

(b) 브러시 각도 예각(90°이하)

<그림 Ⅰ-11> **브러시 각도에 따른 도포량 정도**

MEMO

2) 색상만들기의 실제

(1) 2차 색상 만들기

원색 + 원색 = 혼합두발 길이 쪽으로 염모제를 확장 도포한다.

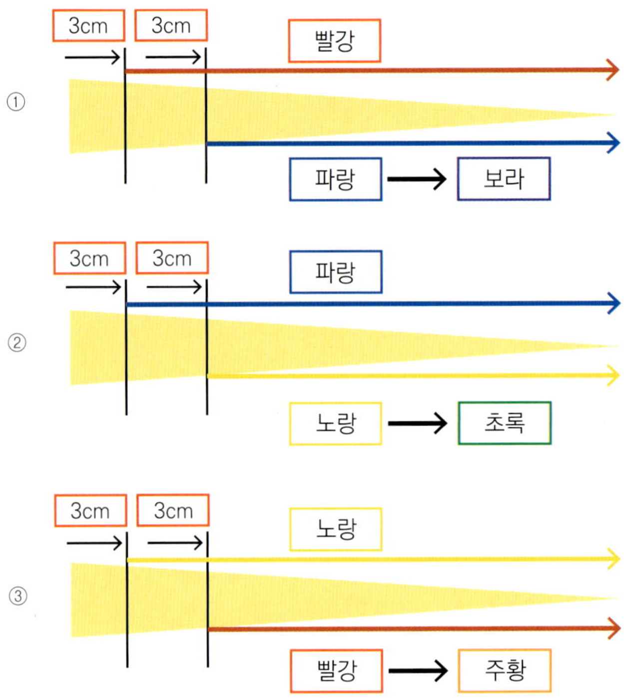

<그림 Ⅰ-12> 2차 색상 만들기의 예시

(2) 3차 색상 만들기

원색 + 등화색 - 혼합하여 두발 길이 쪽으로 염모제를 확장 도포한다.

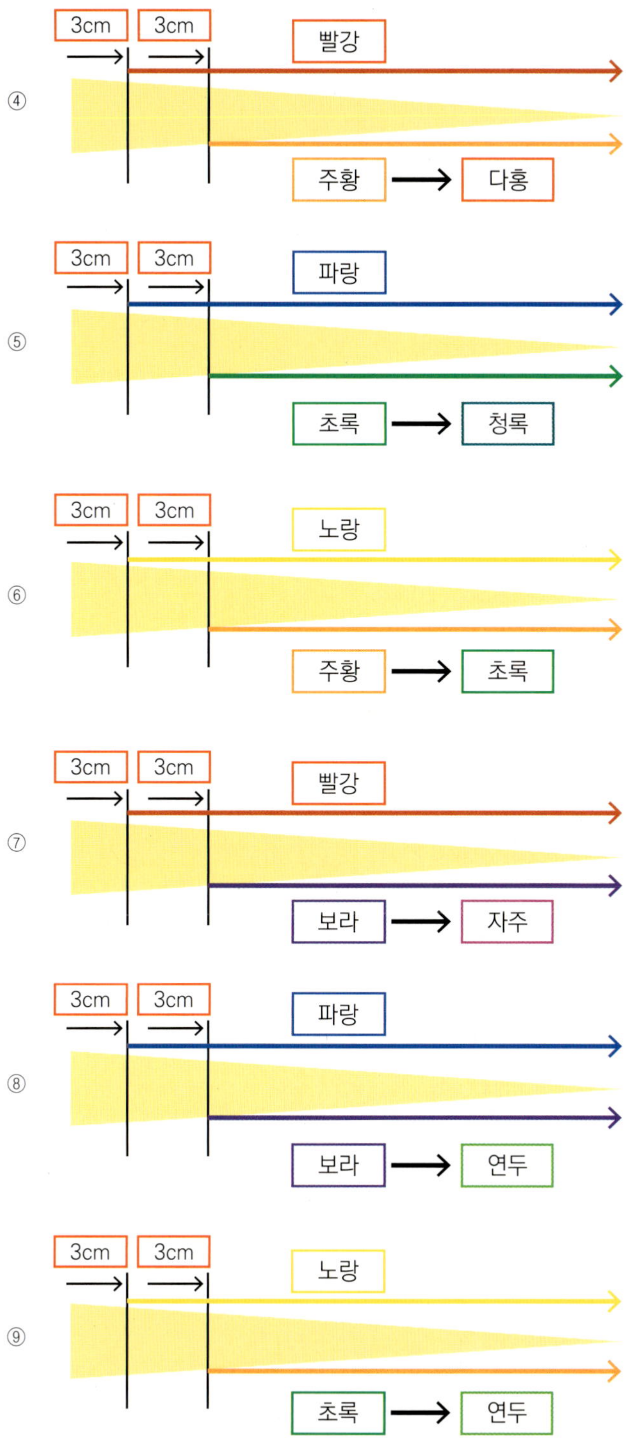

<그림 I -13> **3차 색상 만들기의 예시**

MEMO

MEMO

3) 실습 평가

구분	평가 내용	평가 결과		
		미흡	보통	우수
지식	- 1차 색상(빨강, 노랑, 파랑)에 대해 설명할 수 있는가? - 빛을 구체화 하여 색과 색채에 대해 설명할 수 있는가? - 원색을 통해 색상환의 개념과 원리를 말할 수 있다.			
기술	- 1차색+1차색 = 2차색, 1차색+2차색 = 3차색 혼합과정으로 색의 범주를 수행할 수 있는가? - 각 색의 혼합 비율의 구성을 이해하였는가? - 도포를 위해 브러시 각도를 조절하여 도포 할 수 있다.			
태도	- 실습 준비는 철저히 하였는가? - 12색상환을 잘 정리하여 컬러챠트를 만들었는가? - 실습 과정과 마무리 정리 정돈은 잘하였는가? - 제조사의 지시서를 숙지할 수 있다.			

02 색의 보색

학습목표

1. 색의 보색을 통하여 중화를 설명할 수 있다.
2. 색상 중화의 범주를 설명할 수 있다.
3. 색상의 중화를 통한 결과를 만들 수 있다.

MEMO

1. 보색

색들은 서로 혼합됨으로써 밝기를 달리하며 수많은 색과 색조를 생산해낸다. 헤어컬러에서의 보색은 색상환 안에서 서로 반대되게 위치해 있는 색을 말하며 보색과의 혼합은 헤어컬러에 있어서는 색의 중화과정을 의미한다. 중화과정은 반드시 1차색 하나와 2차색(등화색) 하나로서 이루어진다.

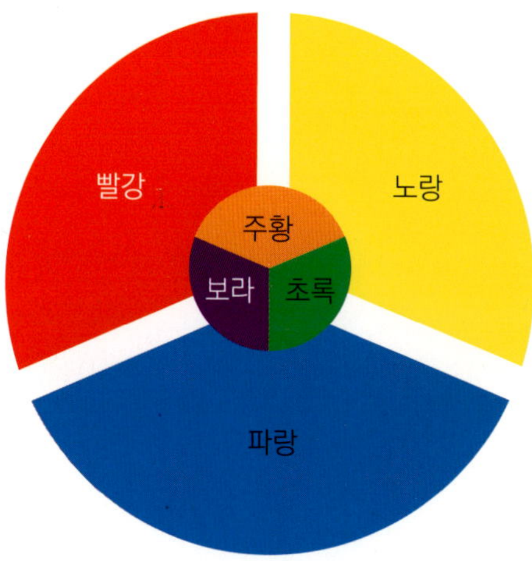

<그림 I -14> 12 색상환에서의 보색 관계

MEMO

1) 보색관계

원색과 마주하는 등화색을 같은 양으로 혼합하면 색을 가라앉히는 중화의 역할을 한다. 이는 특정 반사빛(잔색)을 없애고 갈색 계열로 변화 시키는 것으로서 3원색을 모두 혼합하거나, 3차색 6가지를 다 혼합할 경우 검은색(갈색계열)이 된다.

① 보색 계열의 반사빛을 사용한다.
② 반사빛의 강도를 일치시킨다.
③ 보색을 첨가하면 명도와 채도가 낮아진다.

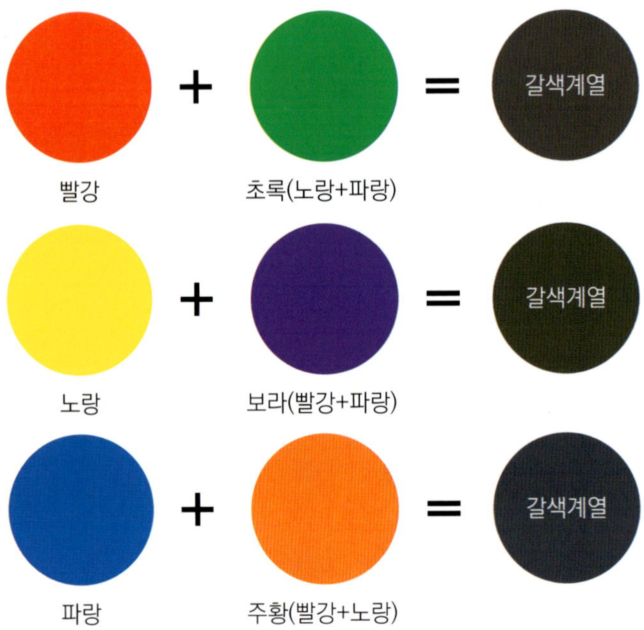

<그림 Ⅰ-15> **색상의 중화**

Tip 색상의 중화

- 색이 지닌 지배적인 베이스(기여색소)로서 모발 내 바탕이 되는 특정 반사빛을 없애고 갈색계열로 변화시키는 것을 색 중화라 한다.
- 색상환에서 서로 마주보고 있는 정반대 편에 놓인 색상을 보색관계라 한다.
- 3원색을 혼합하게 되면 갈색이 된다.

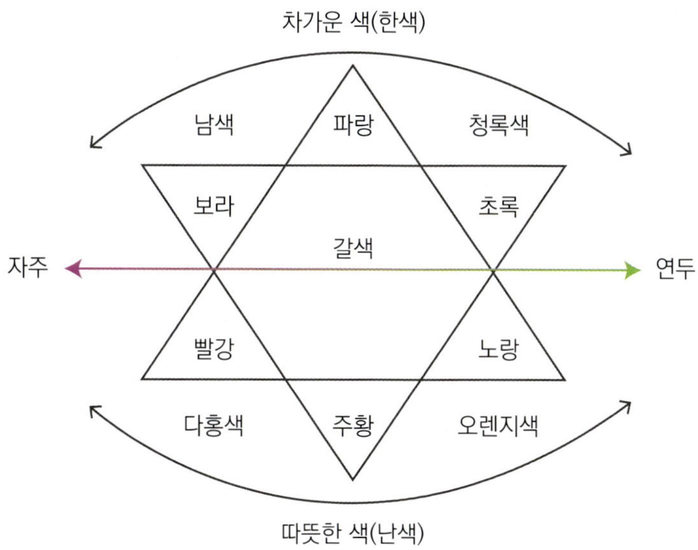

<그림 I -16> **비색분석**

MEMO

알아두기

· 보색(Complementary Color)
- 색상환에서 서로 마주보고 있는 상대적인 색
- 나란히 배색을 시키면 서로 강조된다.
- 색을 혼합하게 되면 갈색이 된다.

· 중화(Neutralizer)
- 보색계열의 반사빛을 이용한다.
- 반사빛의 강도를 일치시킨다.
- 보색을 첨가하면 명도와 채도가 낮아짐에 유의한다.

· 비색분석
- 따뜻한 색상으로서 노랑 오렌지와 오렌지를 거쳐 빨강에 이른다.
- 차가운 색상으로서 보라, 남색, 파랑, 청록, 녹색, 연두에 이른다.

MEMO

실습 과제: 반사빛의 중화 (소요시간 60분)

· 실습 준비물

탈색모 스와치(9레벨, 7×15cm), 반영구 염모제(파랑, 빨강, 노랑) 각 1개, 염색 브러시 3개, 호일(30cm 길이) 3장, 산성샴푸 및 컨디셔너, 타월, 블로드라이어

1) 실습 진행방법

10레벨의 탈색모일 경우 3가지 원색을 동량으로 혼합하면 갈색이 된다. 이에 대한 작업은 다음과 같다.

① 탈색모 9레벨(5cm×15cm)를 호일 위에 올려놓는다.
② 탈색모 상단을 3cm 띄우고 반영구 염모제(빨강)를 브러시를 이용, 도포한다.
③ ②의 상단 3cm 띄우고, 1차색(노랑)을 고르게 바른다.
④ ③의 상단 3cm 띄우고 1차색(파랑)을 고르게 바른다.

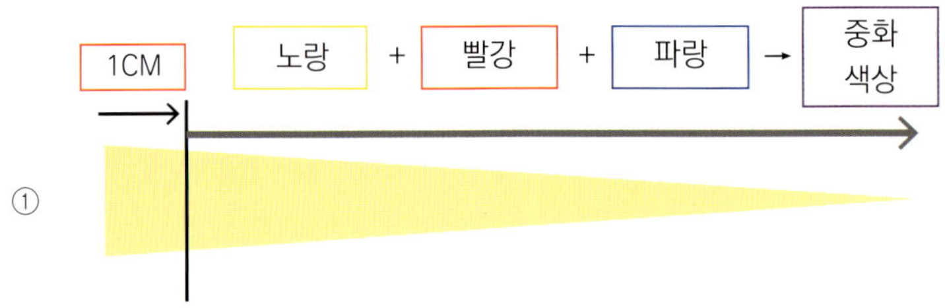

<그림 Ⅰ-17> **색상의 중화 실습 준비의 예**

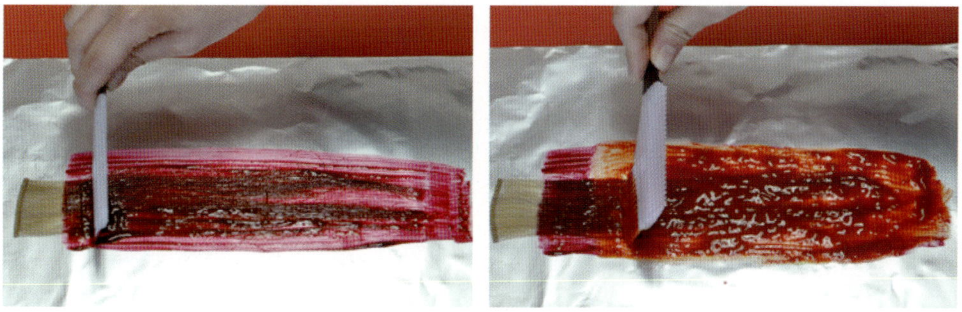

<그림 I -18> **중화 색상 2차 도포의 예시**

2) 갈색모발 만들기

모발색의 반사빛을 지운다는 것은 보색관계의 응용을 통해 결과색을 갈색모로 작업하는 과정이다.

(1) 모발색이 빨간 반사빛을 나타낼 때 중화를 위해 초록색을 보색으로 사용한다.

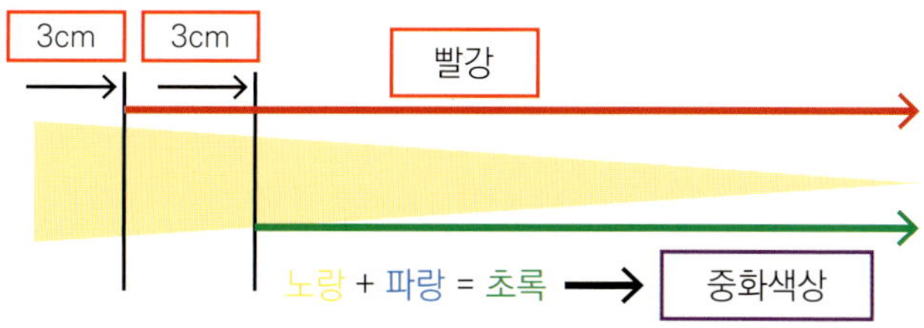

(2) 모발색이 파란 반사빛을 나타낼 때 중화를 위해 주황색을 보색으로 사용한다.

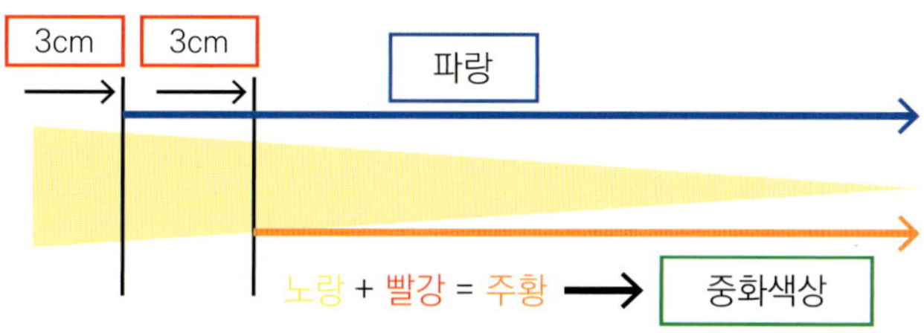

MEMO

MEMO

(3) 모발색이 노란 반사빛을 나타낼 때 중화를 위해 보라색을 보색으로 사용한다.

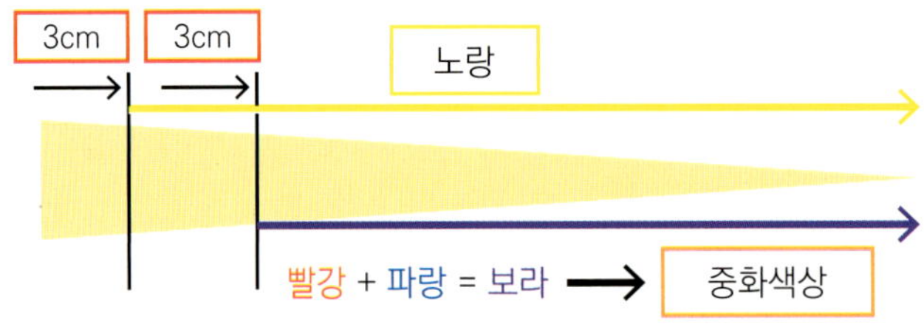

<그림 Ⅰ-19> **중화 색상 작업의 예시**

3) 실습 평가

구분	평가 내용	평가 결과		
		미흡	보통	우수
지식	- 모발색과 멜라닌 색소의 연계를 서술할 수 있는가? - 반사빛과 관련된 결과색을 이해하였는가? - 색상의 중화 개념과 원리를 관념화 하였는가? - 비색분석을 통해 보색관계를 표현할 수 있는가?			
기술	- 색 중화의 범주를 컬러차트로 잘 정리할 수 있는가? - 색의 보색을 적용하기 위해 색상환을 염색제를 사용하여 표현할 수 있는가?			
태도	- 실습 준비는 철저히 하였는가? - 모발의 기여색소인 반사빛을 중화시킨 갈색모 차트를 잘 정리 하였는가? - 실습 과정과 마무리 정리 정돈은 잘하였는가? - 염모를 위한 준비와 절차 등을 통해 실습준비 및 마무리를 할 수 있다.			

03 색채의 심리

학습목표

1. 색채의 심리를 이해하고 말할 수 있다.
2. 색채의 심리를 통하여 고객의 심리를 파악할 수 있다.

MEMO

1. 색채의 심리 및 연상언어

1) 색채심리

(1) 흰색의 심리

흰색을 좋아하는 사람들은 원숙함과는 거리가 멀고 항상 완전함을 추구하며 기품 있는 이상을 가지고 노력하는 타입으로 흰색을 좋아하는 남자는 완벽주의를 좋아하며, 순수한 정신을 존중, 건강한 심신의 소유자이며 소속된 세계의 선구자이이다. 그러나 가장 먼저 흰색을 선택하는 사람은 정신의학상 주의를 요한다고 하는데 이것은 한정된 실험의 결과에 지나지 않는다.

(2) 회색의 심리

회색은 수동적이며, 조심스럽고, 타협과 평화를 추구하며, 스스로 설계한 기준에 맞추려고 한다.

(3) 검정색의 심리

검정색은 억압된 감정, 엄격한 부모 통제, 죽음, 슬픔, 포기, 적막함, 세속적, 관습적, 예의바르고, 지극히 남성적이고 적극적인 행동력이 있다. 검정을 좋아하는 사람은 신비적인 인상, 또는 고귀함이나 위엄을 내보이고 싶어 한다.

MEMO

(4) 빨간색의 심리

인류가 최초로 의식한 색으로 고분 내부나 동굴 벽화에서도 빨강이 나타난다. 인간은내면에 흐르는 피와 호응해서 야심적이며 충동적, 자극적인 것을 원한다. 통상적으로 단조로운 일에는 금방 싫증을 낸다. 외견상 조용해 보이는 사람이라도 사실은 격심한 감정과 욕망을 감추고 있다.

(5) 주황색의 심리

주황을 좋아하는 사람들은 다른 사람들과 함께 있기를 좋아한다, 에너지를 한방향으로만 쏟아 부어 일을 완수하는 것을 목표로 한다. 지위고하를 막론하고 어떤 사람과도 잘 어울리는 독특한 능력을 가진다, 그리고 사람들과 금방 어울리고 친해지며 항상 미소를 잃지 않고 이해심이 빠르다.

(6) 노란색의 심리

노랑은 빛에 가까운 색으로서 노란 색과 같은 밝은 색을 갖고 싶을 때 그 마음은 빛의 밝음과 따뜻함을 원하고 있다. 유아적 성향, 부모에 의한 의존성, 뛰어난 상상력, 생각들이 잘 정리, 마음을 털어 놓지 않고 실행보다 이론에 집중, 정신적 외톨이, 은밀한, 수줍어하고, 존경받기를 갈망하는 마음, 책임이 싫어서 자신의 생각에만 얽매이거나 인습으로 탈피하고 싶을 때, 어려운 문제로 머리가 아플 때는 자기 주변의 물건을 노란색으로 바꾸어 사용하면 효과적이다.

(7) 초록색의 심리

심리적으로 자극을 주지 않고 감정의 안식을 얻는다. 초록색은 시각을 통한 색치료법의 역할을 담당하고 불안정할 때 초록이 옆에 있으면 생명력을 회복시키고, 마음에 평안을 준다는 공통적 이미지, 자연을 상징하는 원초의 색, 초록은 물리적으로 인간이 보는 빛의 파장의 중심에 있다.

(8) 파란색의 심리

빨강과 반대의 성질로 식물의 성장을 지연, 호르몬의 활동을 감퇴, 상실과 재생의 마음, 신중, 내성적, 보수적, 절망, 이별, 고독, 우울, 자기탐구, 정화, 내적성장, 치유,자립, 희망 모범적인, 솔직하며 신중하고 내성적, 보수적인 신념을 갖고 있으며 정열과 열정을 억제하며 신의가 투철한 사람이며 착실히 생활한다.

(9) 보라색의 심리

보라색을 아름답게 느끼는 감정 그 자체가 회복하려하는 생명력이 나타나 있는 것이다. 고통을 치유의 힘으로 침체된 우울한 기분, 체험을 가진 불행한 아동, 정서불안을 가져오는 몸의 기능 저하, 심신의 기능저하, 병약한 색, 재치, 관찰능력, 허영심, 예술적 창조성이 뛰어나다.

(10) 분홍색의 심리

행복의 에너지, 여성의 이미지, 달콤함, 행복감, 핑크 색을 좋아하는 사람은 대부분 호사가적인 요소를 가지고 있다. 그들의 속마음은 레드를 좋아하면서도 신중을 기하는 방편으로서 빨간색을 선택할 용기가 없는 경우가 많다. 짙은 핑크를 좋아하는 사람은 빨간색을 좋아하는 사람과 비슷하여 열정적이고 강렬한 성격을 가지고 있다.

알아두기

색채심리는 색채와 관련된 인간의 반응을 연구하는 학문이며, 색의 3속성, 대비, 동화, 잔상 등의 영향을 받는다.

① 기억색 : 우리의 의식 속에 자리 잡은 의미상의 상징 색
예) 사과색 = 빨간색

② 현상색 : 실제보이는 색
예) 사과색 = 칙칙한 주황색

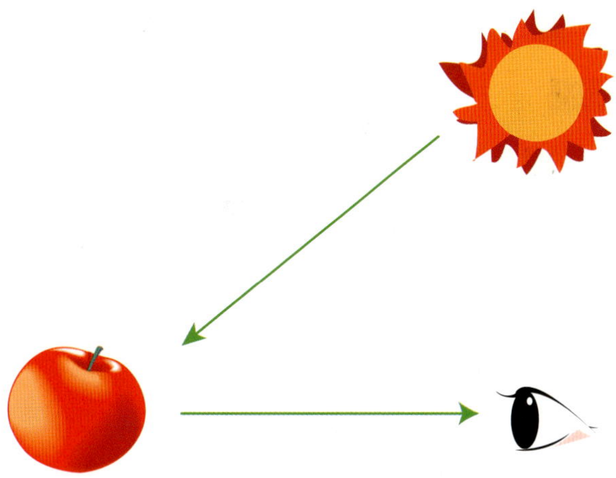

<그림 I -20> 색채의 지각과 심리

MEMO

2) 색채연상

색채연상이란 어떤 색을 보았을 때 개인적인 경험, 기억, 사상, 의견 등의 심리적 활동의 영향으로 어떤 추상적 언어나 이미지(형상)가 나타나는 것을 말한다.

유채색의 연상이 강하며 빨강, 파랑, 노랑 등 원색과 해맑은 톤일수록 연상 언어가 많다. 무채색은 추상적인 연상이 나타난다. 세계적으로 대체로 공통되는 긍정적, 부정적 연상의 이미지를 갖는 색은 흰색과 검정색이다.

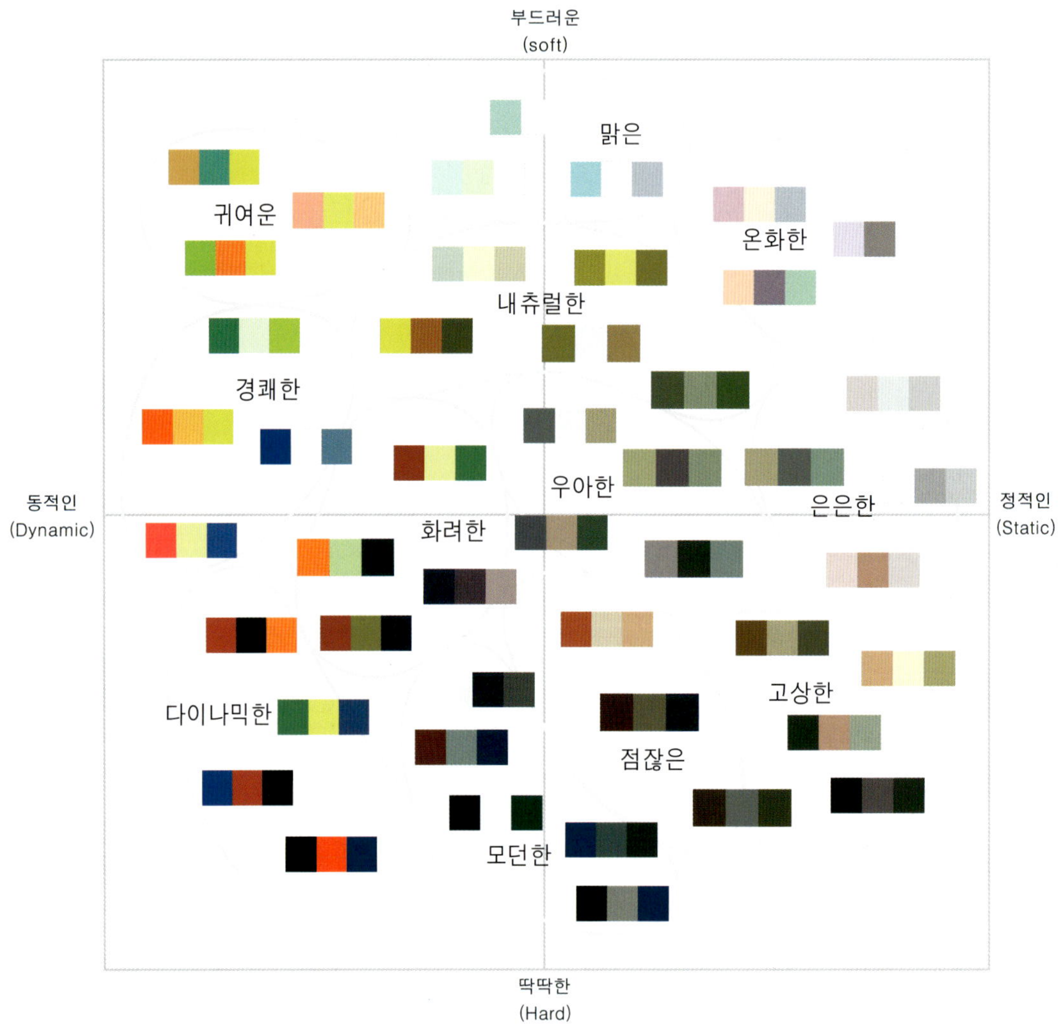

<그림 Ⅰ-21> 색상의 이미지 맵

3) 무채색의 연상 언어

흰 색	신부, 청순, 결백, 신성, 웨딩드레스, 청정
회 색	평범, 소극적, 차분, 쓸쓸한, 안정, 스님
검은색	밤, 악함, 강함, 신비, 정숙, 슬픔, 불안, 상복, 모던, 장엄함, 죽음, 공포

<표 Ⅰ-2> 무채색의 연상 언어

4) 유채색의 연상 언어

색상 / 톤	밝은 색인 경우	순색인 경우	어두운 색인 경우
빨간색	사랑, 행복, 봄, 온화함, 젊음, 순정	기쁨, 정열, 강열, 위험, 혁명	기품, 어두움, 답답한, 차분한, 칙칙한
주황색	따뜻함, 기쁨, 명랑, 애정, 희망	화려함, 악동, 무질서, 명예	가을, 풍요, 칙칙함, 노후함, 엄격, 중후함
노란색	미숙, 활발, 소년	황제, 환희, 발전, 노패, 경박, 도전	신비, 풍요, 어두움, 음기
초록색	양기, 온기, 명랑, 기쁨, 평화, 희망, 건강, 안정, 산뜻	희망, 휴식, 위안, 지성, 고독, 생명	침착, 우수, 심원함 (깊은 숲, 바다, 산 등 연상)
파란색	젊은, 하늘, 신(神), 조용함, 상상, 평화	희망, 이상, 진리, 냉정, 젊음, 지성, 이성	어두움, 근심, 쓸쓸함, 고독, 반성, 보수적
남색	장엄, 신비, 천국, 환상, 차가움	차가움, 영국왕실, 이해	위엄, 숙연함, 불안, 공포, 고독, 신비
보라색	귀인, 고풍, 고귀, 우아, 부드러움, 그늘, 실망	고귀, 섬세함, 퇴폐, 권력, 도발, 예술가적, 신비	슬픔, 우울, 복잡함

<표 Ⅰ-3> 유채색의 연상 언어

MEMO

MEMO

학습정리

1. 1666년 영국의 뉴턴(Isaac Newton)은 빛을 프리즘에 통과시켜 빨강, 주황, 노랑, 초록, 파랑, 남색, 보라의 여러 가지 색깔로 분해한다는 것을 밝혔으며 이 단색광으로 분광된 색의 띠를 '스펙트럼'이라고 한다.
2. 먼셀(A. Munsell)은 1913년에 먼셀색체계(Munsell color system)를 완성하여 각 색채를 색상, 명도, 채도의 3가지 속성에 의거하여 분류하였다.
3. 색은 빛(가시광선)의 파장으로서 380nm~780nm범주이며 사람의 눈으로 볼 수 있는 빛이라 하여 가시광선이라고 한다.
4. 각 파장에 따른 색은 380~450nm는 보라, 450~500nm는 파랑, 500~570nm는 녹색, 570~590nm는 노랑,590~620nm는 주황, 620~780nm의 범위는 빨강에 해당 된다.
5. 색의 3 속성은 색상, 명도, 채도로 분류를 한다.
6. 색의 삼원색은 일반적으로 빨강, 파랑, 노랑의 색을 말하였으나, 정확하게 말하면 마젠다(Magenta), 시안(Cyan), 옐로우(Yellow)를 색의 3원색이다.
7. 염색에서의 삼원색은 파랑, 빨강, 노랑으로 한다.
8. 2차 색상과 3차 색상은 색 공간 내에서 서로 다른 색과 색이 혼합되어 또 다른 색상을 만들어 낸다.
9. 색 중화는 색상환에서 서로 마주 보고 있는 정반대 편에 놓인 색상을 보색 관계라고 한다.
10. 색상의 중화는 특정 반사빛을 없애고 갈색 계열로 변화시키는 것이다.
11. 중화의 범주는 차가운 색상 계열을 따듯한 색상의 계열로 또는 따듯한 색상의 계열을 차가운 색상의 계열로의 전환과 특정한 색상의 농도를 옅게 또는 짙게 하는 것을 의미한다.

학습문제 색채이론과 실무

객관식

01 다음 보기를 보고 색채를 인식하는 시세포로 알맞은 것을 고르시오.

① 추상체 ② 간상체 ③ 신경세포
④ 막대세포 ⑤ 정답 없음

02 사람의 눈으로 느낄 수 있는 가시광선의 파장으로 알맞은 것을 고르시오.

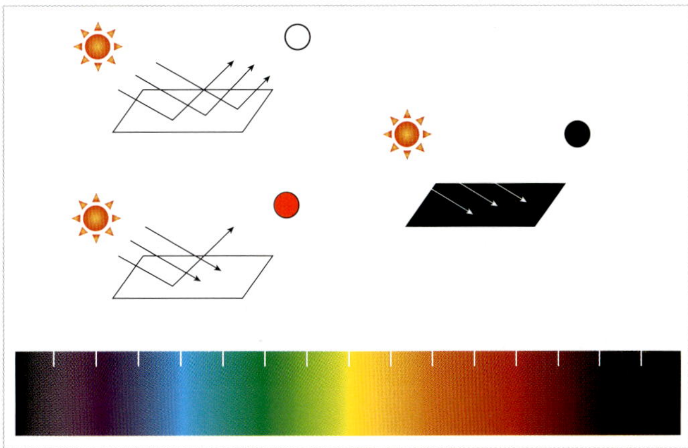

① 180nm ~ 580nm ② 280nm ~ 680nm
③ 380nm ~ 780nm ④ 480nm ~ 880nm
⑤ 580nm ~ 980nm

03 색의 3속성으로 알맞지 않은 것을 모두 고르시오.

① 색상 ② 명도 ③ 배색 ④ 채도 ⑤ 보색

MEMO

MEMO

04 보기에 관한 내용으로 알맞은 것을 고르시오.

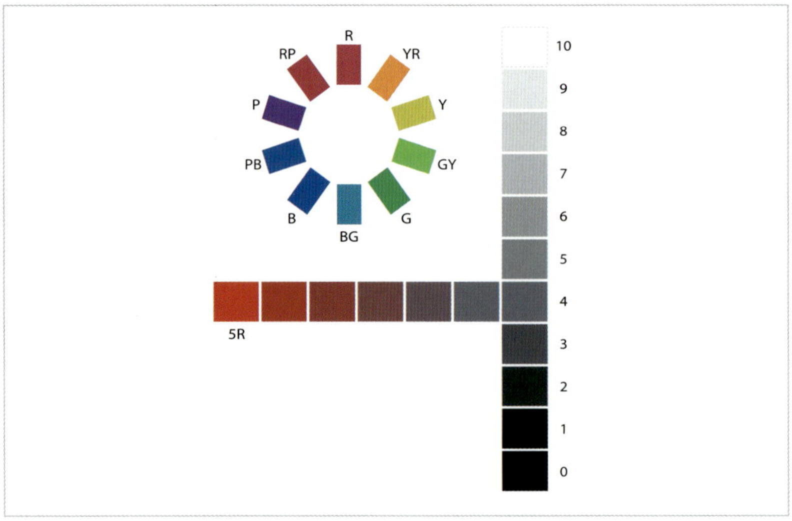

· 사물의 밝고 어두운 정도를 말한다.
· 흰색 10부터 검정 0사이의 회색 단계를 11단계로 나누었다.

① 색상 ② 명도 ③ 채도 ④ 보색 ⑤ 배색

05 보기에 관한 내용으로 알맞은 것을 고르시오.

· 색의 선명한 정도를 말한다.
· (　　)가 가장 높은 색을 순색이라고 하며, 순색은 선명하고 강한색이다.
무채색을 혼합하면 (　　)가 낮아지고 최종적으로 흰색, 회색이 된다.

① 명도 ② 색상 ③ 보색 ④ 배색 ⑤ 채도

06 염색에서의 삼원색으로 알맞은 것을 고르시오.

① 파랑, 빨강, 노랑
② 빨강, 초록, 파랑
③ 빨강, 검정, 노랑
④ 노랑, 검정, 파랑
⑤ 노랑, 초록, 파랑

07 1차 색상을 보고 만들어 질 수 있는 2차 색상을 고르시오.

① 보라
② 오렌지
③ 초록
④ 검정
⑤ 갈색

08 1차 색상을 보고 만들어 질 수 있는 2차 색상을 고르시오.

① 갈색 ② 검정
③ 보라 ④ 초록
⑤ 오렌지

09 1차 색상을 보고 만들어 질 수 있는 2차 색상을 고르시오.

① 갈색 ② 검정
③ 보라 ④ 초록
⑤ 오렌지

10 색의 보색에 대한 설명으로 알맞지 않은 것을 고르시오.

① 파랑의 보색은 오렌지색이다.
② 빨강색의 보색은 초록색이다.
③ 색을 혼합하게 되면 갈색 계열로 된다.
④ 색상환에서 서로 마주 보고 있는 색이다.
⑤ 보색을 나란히 배색하면 서로의 색이 조화로움을 이룬다.

11 색상의 중화에 대한 설명으로 알맞지 않은 것을 고르시오.

① 반사빛의 강도를 일치시킨다.
② 보색계열의 반사빛을 사용한다.
③ 보색을 첨가하면 명도와 채도가 낮아질 수 있다.
④ 차가운 색상에서 따뜻한 색상으로만 전환시키는 것이다.
⑤ 특정 반사빛을 없애고 갈색 계열로 변화시키는 것이다.

12 컬러믹스에 관한 설명으로 알맞은 것을 고르시오.

① 노랑 + 빨강 = 초록 ② 파랑 + 빨강 = 보라
③ 파랑 + 노랑 = 오렌지 ④ 빨강 + 초록 = 연두
⑤ 보라 + 노랑 = 파랑

13 컬러믹스에 관한 설명으로 알맞지 않은 것을 고르시오.

① 노랑 + 보라 = 갈색 ② 파랑 + 노랑 = 보라
③ 파랑 + 오렌지 = 갈색 ④ 노랑 + 빨강 = 오렌지
⑤ 빨강 + 파랑 = 보라

MEMO

MEMO

주관식

01 괄호 안에 알맞은 명칭을 쓰시오.

사람의 눈이 볼 수 있는 빛이라 하여 ( )이라고 한다.

02 색의 3속성을 쓰시오.

03 염색의 삼원색을 쓰시오.

04 파랑색의 중화색상을 쓰시오.

05 빨강색의 중화색상을 쓰시오.

06 노란색의 중화색상을 쓰시오.

07 특정 반사빛을 없애고 갈색계열로 변환시키는 것을 무엇이라 하는가?

08 다음 보기를 보고 알맞은 답을 쓰시오.

· 색상환에서 서로 마주 보고 있는 정반대편에 놓인 색상.
· 나란히 배색을 시키면 서로 강조를 시키게 된다.
· 색을 혼합하면 갈색이 된다.

09 염색의 삼원색으로 만들어 질 수 있는 2차색을 모두 쓰시오.

MEMO

서술형

01 보색에 대하여 설명하시오.

02 색상의 중화에 대해 설명하시오.

03 색상 중화에 관하여 예시를 들어 설명하시오.

MEMO

해답편 색채이론과 실무

객관식

1	①	2	③	3	③, ⑤	4	②	5	⑤
6	①	7	①	8	④	9	⑤	10	⑤
11	④	12	②	13	②				

주관식

1	가시광선	2	색상, 명도, 채도	3	파랑-빨강-노랑
4	오렌지	5	초록	6	보라
7	색상의 중화	8	보색	9	오렌지, 초록, 보라

서술형

1	▸ 색상환에서 서로 마주 보고 있는 정반대 편에 놓인 색상을 보색 관계라고 한다. · 색상환에서 서로 마주 보고 있는 색상이다. · 색을 혼합하게 되면 갈색 계열로 된다. · 나란히 배색하면 서로의 색이 강조된다.
2	▸ 특정 반사빛을 없애고 갈색 계열로 변화시키는 것이다. · 보색 계열의 반사빛을 사용한다. · 반사빛의 강도를 일치시킨다. · 보색을 첨가하면 명도와 채도가 낮아짐에 유의한다.
3	· 고객의 희망색상은 컬러차트의 6번이다. 현재 고객의 모발은 오렌지를 가지고 있다, 즉 모발의 조건은 6.4이다 이것을 기본색으로 중화하기 위해서는 6.1(잿빛 밝은 갈색)을 사용하여 오렌지를 중화하여 기본색인 6(밝은 갈색)으로 만들어줄 수 있다

2강

염색 기초이론과 실무

학습 개요

모발 염색은 2000년 이상에 걸쳐 행하여져 왔으며 각종 식물, 광물 혹은 동물 등의 염모제의 재료부터 채취된 물질이 염료제로 사용되어 왔다. 염료는 모발 내 침착(색의 정착)정도와 견뢰도에 따라 기간별인 일시적, 반영구적, 영구적 염색제로 분류된다. 이 단원에서는 염색 시술 패치 테스트, 염모제의 종류와 종류별 특징을 이해하게 되며, 반영구 염모제의 시술의 방법과 산화 영구 염모제의 특성과 결과색상에 관하여 배우도록 한다.

주요 용어

패치 테스트, 파라페닐렌디아민(PPD), 황산톨루엔-2,5-디아민, m-아미노페놀, 반영구 염모제, 쉘러 세척, 산화 영구 염모제, 자연모 레벨, 에멀전, 알칼리, 과산화수소수, 암모니아, 에멀전, 사전탈색 (pre-lightening), 블리치 레벨, 염색의 결과 색상,

MEMO

04 염모제의 종류와 특징

학습목표

1. 염모제의 주성분에 의한 분류를 설명할 수 있다.
2. 염모제의 지속과 작용에 따른 분류를 설명할 수 있다.
3. 반영구 염모제의 작용 원리를 설명할 수 있다.
4. 산화영구 염모제의 기본 원리를 설명할 수 있다.

1. 염모제의 분류

염모제는 주성분에 의해 또는 유지되는 기간에 의하여 분류 할 수 있다.

1) 염모제의 주성분에 의한 분류

(1) 식물성 염료

헤나, 양람(인디고), 카모마일, 호두 나뭇잎 등의 식물성 성분을 주로 사용한다. 알레르기체질에 비교적 안전하지만 색상이 한정되어 있고 염착시간이 오래 소요되고 부자연스러운 단점을 가지고 있다.

(2) 금속성 염료

납 또는 은을 기본성분으로 사용함으로써 모발에 금속피막을 형성시켜 염색시술 후 화학적 헤어 시술이 어려우며 금속특유의 둔한 광택을 나타내어 지금은 거의 사용하지는 않는다.

(3) 혼합 염료

식물성 염료와 금속성 염료를 혼합하여 사용하는 염모제로 역시 화학적 시술에 문제를 야기 시키므로 거의 사용하지는 않는다.

MEMO

(4) 유기 염료

① 비산화염모제(Non-Oxidation Color)

일시적 염모제(Temporary Dye)와 반영구 염모제 (Semi-Permanent Tint, Diect Tint)로서 2제(산화제)를 사용하지 않는다.

② 산화염모제(Oxidation Color)

유기합성 염모제(Permanent Tint)로서 2제(산화제)를 사용한다.

> **알아두기**
>
> 영구 염모제는 주원료를 석탄에서 추출한 다이아민 계열을 주원료로 사용하며 이것은 베이스를 구성하는 원료이다 그러나 알레르기를 일으킬 가능성이 있어 패치 테스트가 필요로 한다.

2) 염모제의 기간에 따른 분류

<그림 Ⅱ-1> 염색의 작용별 구분

(1) 일시적인 염모제

일시적 염모제는 무스, 마스카라, 스프레이, 컬러 린스, 컬러 젤 등의 제품으로 시판되고 있다. 일시적 염모제의 색입자는 너무 커서 모피질 내에 진입이 어렵고 모표피의 비늘 층 모양 구조 표면에 색입자가 붙어 있게 된다. 1회의 샴푸로 색소는 지워지게 되나 모표피의 손상이 심한 경우 모피질 층에 도달하게 되면 지속시간이 길어질 수도 있다.

① 염료 성분

· 메틸렌 블루(Methylene Blue)
· 메틸 바이올렛(Methy Violet)
· 아조계 염료 (Azo- Bye)

② 장점

· 도포가 쉽고 결과를 즉각적으로 볼 수 있다.
· 시술 전 피부 알러지 반응 검사가 필요하지 않다.
· 염, 탈색 시술 결과에 대해 불안해하는 고객의 경우 시술 전에 일시적 염모제를 이용 하여 예상되는 결과를 눈으로 직접 확인하게 해 줄 수 있다.

③ 단점

· 색의 지속력이 짧다
· 윤기없는 뻣뻣한 느낌의 결과를 가져올 수 있다.
· 다공성 모발의 경우 샴푸 후에도 색소가 부분적으로 남아 있을 수 있다.

MEMO

MEMO

05 반영구 염모제

학습목표

1. 반영구 염모제를 정의할 수 있다.
2. 반영구 염모제의 사용범주를 말할 수 있다.
3. 반영구 염모제를 시술할 수 있다.

1. 반영구 염색체의 특성

반영구 염모제는 직접염모제로서 산성 컬러 또는 헤어 매니큐어라고 한다. 색소제(1제)만으로 구성되어 있다. 반영구 염모제는 약산성 염모제로서 제품사에 따라 또는 모발의 손상 정도에 따라 색상 유지력의 차이를 보이고 있으나 보통 4~6주의 유지력을 가지고 있다.

보통 반영구 염모제는 음이온 결합의 형태로서 염색 시술 전 약산성 샴푸제를 사용하여 샴푸함으로써 염모제가 모표피 내, 외피에 색조가 정착된다. 즉 4~6주 동안 지속되는 반영구 염료는 약간의 침투작용을 통해 모피질에 색이 흡수될 뿐 아니라 모표피에 침투 흡착되어 약간의 막을 입힌다.

알아두기

일반적으로 우리는 임상을 통해서 붉은 색을 띄는 반영구 염모제가 푸른색을 띄는 염모제에 비해 지속력이 긴 것을 알 수 있는데, 이는 빨간색을 나타내는 염료가 파란색을 나타내는 염료에 비해 색소의 입자가 작기 때문에 모피질까지 침투가 용이한 반면, 파란색의 색소는 입자가 크기 때문에 모표피에 머물게 되어 샴푸를 통해 색소가 빠져나가기 때문이다.

(1) 4~6주 정도의 염료 유지력을 갖는다.

(2) 산업체에서는 헤어 매니큐어, 헤어코팅제, 포인트 컬러, 톤 온 톤 컬러라고도 한다.

(3) 자연모발 색상을 어둡게 또는 하이라이트 포인트 컬러(탈색모 위에 덧입히는)를 할 수 있으며 자연모발 색상에 부드럽게 반사빛의 색상을 더해주며 약간의 명도 변화를 주기도 한다.

(4) 백모 25% 이하일 때 사용된다.

· 원래의 자연 모발색에 영향을 미치지 않으면서 흰 모발을 감추거나 부분적으로 조화시킨다.

(5) 원하지 않는 색의 제거 또는 실제보다 더 향상시킨다.

· 파스텔 색조를 얻을 수 있다.
· 산화 염색된 모발에 윤기와 광택을 준다.
· 자연모발 색상에 색을 더하여(반사빛) 탁하지 않은 밝은 색조를 낼 수 있다.

(6) 인위적으로 탈색시킨 탈색 모발에 사용한다.

· 영구염모제보다 선명하고 다양한 색을 표현한다.

(7) 작업 후에는 산성샴푸와 컨티셔너를 사용한다.

· 알칼리 잔여물을 중화시킨다.

알아두기

① 영구 염모제보다 약한 알칼리성 염료이다.
　· 작업 전에 언제나 패치 테스트를 한다.

MEMO

MEMO

2. 반영구 염모제 시술 절차

1) 시술을 위한 절차

① 고객을 위한 준비

ㄱ. 고객의 의복을 보호하기 위하여 가운과 염색보를 착의한다.
ㄴ. 시술 시 고객의 안전을 위하여 귀걸이 목걸이 등을 제거한다.
ㄷ. 산성 샴푸제를 사용하여 가볍게 두발을 샴푸한다.
ㄹ. 타월 건조 시 모발에 수분을 약 70% 정도만 건조한다.
ㅁ. 제조 회사에서 제안하는 방법대로 전처리를 한다.
ㅂ. 넥 티슈와 염색용 타월로 넥을 감싸고 염색용 어깨보를 두른다.
ㅅ. 발제선(Hair Line)주변 특히 귀 주위와 이마 등에 피부 보호용 크림을 도포한다.
ㅇ. 이어 캡을 고객에게 씌운다.

② 시술도구 및 재료준비

ㄱ. 도구

염색볼, 염색 브러시, 클립, 열기구, 염색보(다이케이프), 염색용 가운, 염색용 장갑, 비닐캡, 염색용 타월, 넥티슈, 티슈, 헤어밴드, 이어캡

ㄴ. 재료

반영구 염모제, 산성샴푸(염색 전용샴푸), 산린스(pH Balance), 컨디셔너, 피부보호용 크림

2) 본처리

① 시술에 용이하도록 두발상을 4등분으로 블록한다.

② 염색 볼에 염모제를 짜서 놓고, 염색 브러시로 사용직전 혼합한다.

③ 도포하기

ㄱ. 후두부 → 측두부 → 전두부 순으로 염색제를 도포한다.
ㄴ. 0.6~1cm로 슬라이스 하여 모근에서부터 원터치로 도포한다.

④ 비닐 캡 씌우기

도포가 끝나면 헤어밴드를 한 후 비닐 캡을 씌운다.

⑤ 프로세싱 제품에 따라 요구하는 시간은 조금씩 차이가 있으므로 제품 설명서를 반드시 참조해야 한다.

ㄱ. 열처리(Heating Cap)

보통 열처리 시간은 15~20분정도 열처리 한다.

ㄴ. 자연방치

5분에서 10분정도 자연방치 한다. 이때 냉 타월 또는 쿨 스프레이를 처리함으로써 열에 의해 팽창된 모표피를 수축시킴으로써 염료가 밖으로 빠져나오지 못하게 정착력을 높여준다.

⑥ 스트랜드 테스트(모다발 검사)

컬러 테스트를 위해 4군대(포, 곡, 양빈, 전발)의 모다발을 젖은 티슈로 닦은 후 모다발을 들고 아래에서 위로 빛이 들어오도록 하여 확인한다.

Tip 열처리를 하지 않았을 경우

▶ 열처리에 요구되는 프로세싱 시간을 두 배로 둔다.

알아두기

반영구 염모제의 시술 시 결과색상에 관한 이야기

반영구 염모제는 언급한 것 같이 자연모발색인 반사빛의 기여색상에서 고객이 원하는 색상이 겹쳐져 표현이 된다는 것을 알고 있다. 그러므로 컬러차트의 색상을 사용한다고 하여 사용된 결과색상을 얻지 못한다. 고객과의 상담에서 고객에게 이해시켜야 할 중요한 포인트는 고객이 희망하는 색상이 어떻게 표현될 것인지? 희망하는 색상을 결과 색으로 들어내기 위해 어떠한 시술 방법이 적용되는가를 이해시켜야 한다.

고객의 모발은 블리치 레벨 6번의 오렌지를 가지고 있다, 산성 컬러의 오렌지 색상을 희망한다면, 시술 결과색상에서 오렌지의 결과색상을 얻게 된다. 그러나 만일 파랑 색의 색상을 희망한다면, 결과의 색상은 탁한 카키색의 결과를 얻을 수도 있다.

MEMO

MEMO

⑦ 샴푸(Shampoo)

유화(Emulsion)후 염모된 색소의 정착과 유지를 향상시킬 수 있도록 샴푸한다.

ㄱ. 미온수를 사용한다.

뜨거운 물과 알칼리성 샴푸제는 모표피를 팽윤시켜 안착된 염색소(Pigment)를 유실시킨다.

⑧ 린스(Acid Rinse)

· 모발 등전가(pH4.5 ~ 5.5)로 되돌린다.

3) 마무리 및 홈 케어

뜨거운 블로 드라이어나 프레서(Presser)를 사용할 경우 색소제가 빠져 나올 수 있다.

ㄱ. 스타일링

· 타월 드라이한다.
· 스타일링제를 도포한다.
· 블로 드라이어(찬바람이나 미지근한 바람)를 사용하여 건조 또는 스타일링 한다.

ㄴ. 홈 케어

· 반영구 염모제는 두발의 모표피 안과 밖에 안착되는 염색제로서 4~6주 정도 지속력을 갖기 때문에 일상적인 샴푸 시에 색조가 퇴색된다. 따라서 산성 샴푸, 산성린스로 홈 케어 함으로써 컬러를 오래 유지할 수 있도록 한다.

실습 과제: 반영구 염모제의 시술 (소요시간 60분)

· 실습 준비물

희망색상(반영구 염모제) 1개, 염색 브러시, 염색 볼, 타월, 블로 드라이어, 롤 브러시, 고객 가운, 염색보, 비닐캡, 이어캡, 염색용 장갑

1) 실습 진행방법

① 2인 1조로 그룹을 나눈다.
② 모델에게 고객 가운과 염색보를 착의한다.
③ 희망하는 색상을 선택한다.
④ 모발상태를 진단한다.
⑤ 시술 순서에 입각하여 상호 시술을 진행한다.
⑥ 시술자는 염색용 장갑을 착용하고 희망하는 색상을 블로킹(4등분)을 하여 두피에 묻지 않게 도포를 한다.
⑦ 도포가 끝나면 비닐 캡을 씌우고 제조사의 방치 시간을 본다.
⑧ 방치 시간이 끝나면 미온수로 산성샴푸 후 타월 건조한다.
⑨ 작업 마무리한다.

MEMO

MEMO

2) 시술 결과

사용한 색상: ________________ 예상되는 결과색상: ________________

시술 전 사진	시술 결과색상 사진

3) 실습 평가

구분	평가 내용	평가 결과		
		미흡	보통	우수
지식	- 반영구 염모제의 정의와 특성, 사용범주 등을 설명할 수 있는가?			
기술	- 반영구 염색의 시술 결과와 예상결과는 일치 하였는가? - 모발상태에 따라 반영구 염모제의 도포량과 도포방법, 브러시 사용을 조절시킬 수 있는가?			
태도	- 실습 준비와 절차에 따라 철저히 하였는가? - 실습 과정과 마무리 정리 정돈은 잘 하였는가? - 반영구 염모제의 성분, 사용방법, 염색과정 등 기술에 관련된 지식을 응용 또는 적용시킬 수 있는가?			

06 염모제의 종류와 특징

학습목표

1. 산화 염색 전 패치 테스트를 설명할 수 있다.
2. 패치 테스트를 실행할 수 있다.

MEMO

1. 알레르기 반응검사(패치 테스트)

산화 염모제는 파라페닐렌다이아민(PPD)를 전구체로 하여 제조되므로 피부에 알레르기를 유발할 수 있다. 이 외에도 민감성 두피는 염색 작용이 진행되는 과정에서 통증이나 가려움을 호소하는 경우가 발생한다. 그러므로 염색 전에 알레르기의 유무와 피부의 민감도를 미리 알아보기 위해 패치 테스트를 시행한다.

알아두기

염색 시술 전 두피 보호제를 사용하거나 염모제의 도포를 최대한 모근에서 띄우고 시술을 하여 발생될 수 있는 문제를 예방하여야 한다.

1) 패치 테스트 방법

① 염색시술 48시간 전 팔의 안쪽이나 귀의 뒤쪽에 주변을 깨끗이 씻고 물기를 닦아낸다.

② 염모제 제1제와 산화제 제2제를 혼합 비율에 맞추어 혼합한다.

MEMO

③ 팔 안쪽 또는 귀 뒤쪽의 피부 부분에 소량을 바른다.
④ 염모제를 도포 후 30분 후, 48시간 후에 2회 관찰한다.
⑤ 닦아낸 부위를 알코올로 소독한다.
⑥ 아무런 이상이 없을 시 염색의 시술이 가능하다.
⑦ 도포 부위에 이상 반응이 생기면 씻어 낸다, 닦아낸 부위를 알코올로 소독하고, 시술은 하지 않도록 한다.
⑧ 두발을 제외한 눈썹이나 속눈썹에는 사용하지 않는다.

(1) 패치 테스트 결과 판독

- 음성 반응: 붉은 반점이 없고, 가려움이 없어야 염색을 할 수 있다.
- 양성 반응: 가려움증과 붉은 반점, 양성 반응이 강한 경우 물집이 잡히기도 하며 이러한 경우는 염색을 할 수 없다.

(2) 쉘러 세척

만일 염색이 진행되는 중에 고객이 가려움증이 생기며 피부가 붉게 일어나며 부풀게 되면, 전체 두발에 즉시 쉘러 세척으로 중화를 시작한다.

- 쉘러 세척 조제방법 : 1L 순수 물 + 150g의 염화나트륨 + 50ml의 과산화수소(20vol) 를 혼합하여 도포한다.

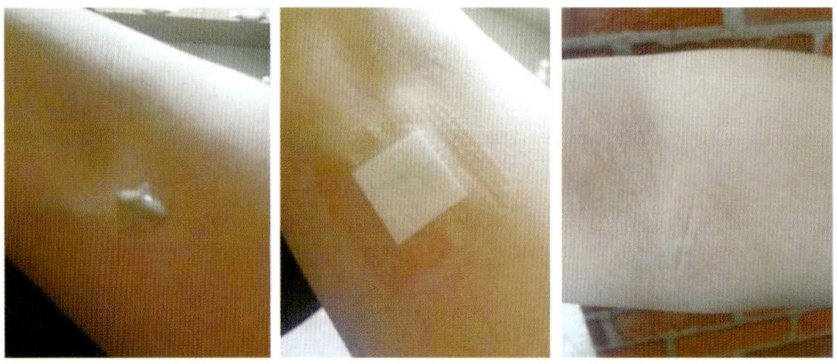

(a) 패치 테스트 진행

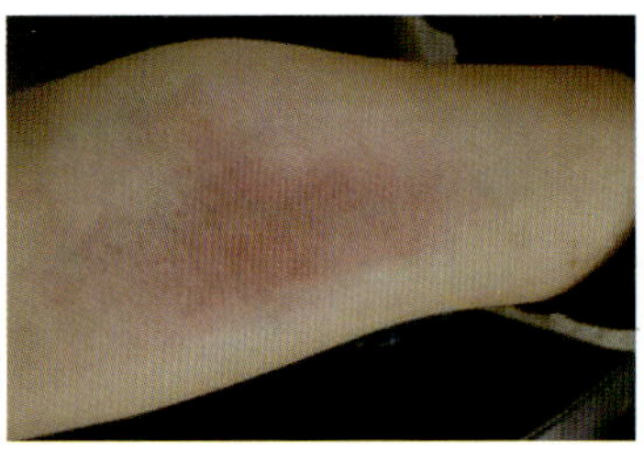

(b) 알레르기 반응

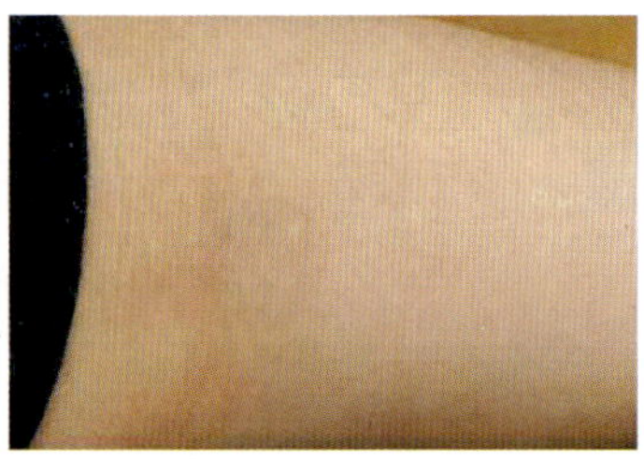

(c) 알레르기 무반응

<그림 Ⅱ-2> **패치 테스트진행과 결과의 비교 예시**

실습 과제: 반영구 염모제의 시술 (소요시간 60분)

MEMO

· 실습 준비물

산화 염구 염모제 5/0 1개, 산화제, 염색 볼, 염색 브러시, 면봉, 방수 밴드

1) 실습 진행방법

① 팔의 안쪽이나 귀의 뒤쪽에 주변을 깨끗이 씻고 물기를 닦아 낸다.
② 염모제 제1제와 산화제 제2제를 혼합 비율에 맞추어 혼합한다.
③ 팔 안쪽 또는 귀 뒤쪽의 피부 부분에 소량을 바른다.
④ 염모제를 도포 후 방수 밴드로 붙인다.
⑤ 도포 부위에 이상 반응이 생기면 씻어 낸다.
⑥ 도포 후 30분, 48시간 후에 2회 결과를 관찰한다.

MEMO

2) 시술 결과표

패치테스트 전 사진	패치테스트 후 사진

3) 실습 평가

구분	평가 내용	평가 결과		
		미흡	보통	우수
지식	- 패치 테스트의 시술을 하는 이유를 설명할 수 있는가?			
기술	- 패치 테스트 진행요령을 숙지하고 진행할 수 있는가?			
태도	- 실습 준비는 철저히 하였는가? - 실습 과정과 마무리 정리 정돈은 잘하였는가?			

07 산화 염모제

학습목표

1. 자연모 레벨의 이해를 통한 모발 진단이 가능하다.
2. 산화제의 특성과 모발의 자연적 탈색과 인위적인 탈색을 설명할 수 있다.
3. 제조사 별 염모제의 넘버링을 이해할 수 있다.
4. 방치시간의 중요성에 관하여 설명할 수 있다.
5. 염모제의 도포와 염색 샴푸를 할 수 있다.
6. 염색 시술에 블로킹과 도포량 조절을 통하여 숙련도를 높일 수 있다.
7. 염색 시술에 섹션의 조절을 통한 균일성을 만들 수 있다.

1. 산화 영구 염모제

염색된 모발이 오랜 시간동안 컬러가 유지되는 이유는 작은 염색 분자가 모발 내부에 빠르게 침투하여 모발 내부에서 고분자화 되기 때문이다. 이과정은 알칼리제에 의하여 모표피가 팽창이 되면 염료가 모발 내부까지 빠르게 침투함과 동시에 산화 중합 반응에 의해 탈색과 발색이 동시에 진행이 되어 결과의 색상을 얻게 된다. 염모제는 제1제와 제2제를 혼합 하였을 때 pH 9~11이 된다. 영구 염모제의 작용 기전은 3단계로 대별 된다.

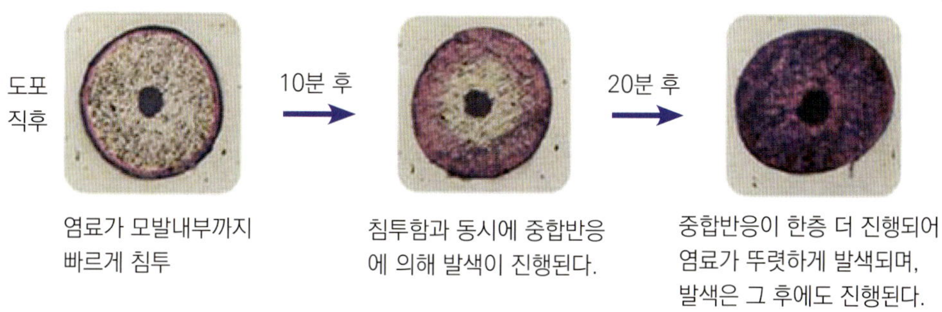

<그림 Ⅱ-3> 시간에 따른 발색의 비교

MEMO

MEMO

① 1단계(침투)

알칼리제의 작용으로 모표피가 열리고(팽윤) 염료와 과산화수소가 모피질 내부로 침투되는 단계이다.

② 2단계(산소형성 및 멜라닌 산화)

과산화수소에서 분리된 발생기 산소 ½은 모피질 내에 있는 멜라닌 색소를 산화시켜 옥시 멜라닌화 하는 단계이다.

③ 3단계(발색)

나머지 발생기 산소 ½은 옥시화된 멜라닌 색소 주변에 인공색소와 산화중합반응을 함으로써 유색의 큰 입자를 형성하여 모피질 내에 영구적으로 안착되는 단계이다.

1) 주요 성분

산화 염료는 발생기 산소와 결합이 되는 산화 중합 과정을 통해서 유색의 큰 입자의 색소로 되어 모피질 내 발색 되는 특징을 지니고 있다.

알아두기

▸ 염모제 1제의 구성 성분

염료

주로 크림 타입의 형태로 튜브에 들어 있으며 주요 성분으로서는 :

· 파라 페닐렌 디아민(Para-Phenylene-Diamine) : 검정
· 파라 톨루엔 디아민(Para-Toluene-Diamine) : 갈색
· 메타 디하이드록시 벤젠(Meta-Dihydroxy-Benzene) : 회색
· 파라 아미노 페놀(Para-Amino-Phenol) : 붉은 갈색

① 제1제

· 색소제(전구체+커플러)와 알칼리제로 구성되어 있다.
· 알칼리제는 모표피를 팽윤시켜 색소의 침투를 용이하게 한다.

② 제2제

· 모피질 내 멜라닌 색소를 탈색 또는 발색시키는 역할을 한다.

③ 그 외 첨가제

· 공기에 의한 염모제의 산화를 방지하여 제품의 변질을 예방한다. 그 외, 모발 보호 성분 및 염색 도포 후 샴푸 시 염색제의 제거를 용이하게 하기 위한 거품제 등이 포함되어 있다.

2) 산화 염모제의 특징

- 색조와 명도의 변화를 동시에 가져올 수 있다.
- 백모 염색 시 100% 커버가 된다.
- 색상의 지속력이 길다.

3) 단점

- 산화 과정 및 알칼리성분으로 인한 모발 손상이 있다.(기염부)
- 지속성으로 인해 모발이 자라나온 부분과 이전염색부위의 색상 경계가 뚜렷하다.
- 피부 알러지 반응을 일으킬 수 있다.

4) 산화 염모제 사용 시 주의사항

- 도포 직전에 염모제를 혼합하여 사용한다.
- 염색 직전에 패치테스트와 컬러테스트를 시행해야 한다.

알아두기

- 산화 영구 염모제는 모발에 영구적인 색상의 변화를 가져와 모발을 잘라내기 전까지 지속성을 가진다는 특성이 있다.
- 염모제(제1제)와 산화제(제2제)로 구성 시술직전 제조사의 혼합 비율에 따라 혼합하여 모발에 도포 알칼리제에 의하여 표피의 팽창이 일어나며 모 피질에서 탈색의 반응으로 블리치 레벨을 만들며 발색의 반응으로 도포한 색상이 만들어진다.
- 무색의 색소 중간체(dye intermediate)를 사용하고 여기에 산화제(과산화수소, H_2O_2)가 작용 모발의 멜라닌 색소를 분해, 즉 탈색하는 동시에 색소의 중간체를 산화 중합 반응시켜 발색이 되어 결과의 색상을 만들어 준다.
- 염색의 결과색상 = 블리치 레벨의 색상(탈색) + 도포한 색상(발색)

MEMO

MEMO

2. 모발색상등급

모발의 밝고 어두운 정도를 일정한 등급(Level)으로 나눈 것을 의미한다, 모발은 멜라닌 색소의 함유량에 따라 각기 밝고 어두운 차이를 보인다.

<그림 Ⅱ-4> **자연모 레벨 스케일**

알아두기

보편적으로 자연모의 레벨을 10단계로 사용하며, 우리나라 사람의 평균 모발을 어두운 갈색(3번)으로 보고 있다. 그러나 제조사 마다 이 기준에 따라 명도를 사용하는 것은 아니다. 그러므로 먼저 파악해야할 것은 제조사마다의 명도 기준을 어디에 두었는지를 파악하는 것이 중요하다. 예를 들면 아래의 그림에서 보는 것과 같이 로레알의 3번과 웰라의 5/0번 의 기본 색상을 각각의 블리치 레벨 위에 도포하여 그 결과를 알아본 것이다. 여기에서 알 수 있는 결과는 명도의 차이가 같게 나왔다는 것이다. 그러므로 로레알의 3번 기본색상과 로레알의 5/0 기본 색상이 숫자의 차이는 다르게 사용하나 명도를 만드는 베이스는 같은 것을 알 수 있다.

10번 이상의 레벨, 즉 11번에서 14번은 일반적으로 각 제조사에서 모발의 밝기를 밝게 탈색시키기 위한 용도로 만들어낸 염모제이다. 예를 들면 일반적으로 염모제와 산화제(20V)를 혼합하여 사용하면 2단계를 밝게 만드는 데 반해 14번과 산화제(20V)를 혼합하여 사용하면 보편적으로 3.5레벨에서 4레벨 밝게 만든다. 그러므로 명도 레벨 단계에서는 사용하지 않으나 모발을 밝게 레벨업 하는 용도로 표기하여 사용하는 명도이다.

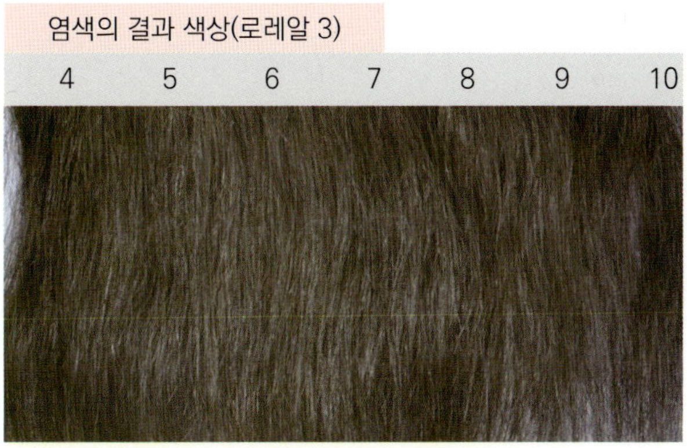

<그림 Ⅱ-5> **염모제 로레알 3번을 각 블리치 레벨 위 도포 결과색상**

<그림 Ⅱ-6> **염모제 웰라 5/0번을 각 블리치 레벨 위 도포 결과색상**

<그림 Ⅱ-7> **염모제 밀본 3NB를 각 블리치 레벨 위 도포 결과색상**

MEMO

MEMO

3. 과산화수소

영구 염모제에서 사용되는 산화제는 과산화수소($H_2O_2 = H_2O + O\uparrow$)이다. 과산화수소의 함유에 따라 퍼센테이지(%)로 표현되기도 하고, 발생기(유리)산소 발생량에 따라 볼륨(Volume - 기체 측정 단위)로 표기된다. 국내 미용 분야에서 사용되는 과산화수소의 농도는 3-9%로 농도에 따라 탈색의 효과가 다르다. 이는 모발 내 멜라닌 색소의 탈색과 염료를 산화중합 반응시킨다. 염색 시 동반되는 탈색의 효과가 다르다.

<표 Ⅱ-1> **산화제에 따른 산소의 발생량**

구분 / 농도	유리 산소 발생 양	영구 염모제 혼합 시 모발 명도의 변화 양
3%	10 volume	모발을 거의 밝게 하지 못하거나 1레벨 밝게 해준다.
6%	20 volume	모발의 밝기를 최고 2레벨 밝게 해준다.
9%	30 volume	모발의 밝기를 보통 3레벨 밝게 해준다.
12%	40 volume	모발의 밝기를 보통 4 ~ 4.5레벨 밝게 해준다.

<그림 Ⅱ-8> **산화제의 종류**

알아두기

1) 탈색의 자연적 요소와 인위적 요소

모발의 멜라닌 색소를 탈색시키는 요소는 자연적인 요소와 인위적인 요소로 말할 수 있다.

① 자연적인 요소: 공기 중의 산소, 태양의 열, 수분

② 인위적인 요소: 염모제(탈색제) + 산화제

자연적인 탈색을 가장 많이 느낄 수 있는 계절이 여름이다. 여름휴가를 바다로 다녀온 고객의 모발이 거칠어진 것을 현장에서 간혹 보고는 한다. 그 이유는 강렬한 태양의 자외선과 수분과 바람으로 인하여 자연적인 탈색이 활발히 작용을 하기 때문이다.

<그림 Ⅱ-9> **자연적 탈색과 인위적 탈색의 요소**

4. 염모제의 번호체계

1) 염모제의 명도(base)

거의 모든 제조사들이 동일한 숫자나 기호를 사용하고 있지는 않으나, 염모제는 숫자로 통용된다. 이는 숫자에서 들어나는 어떤 밝기 및 색상인지 분명하게 제시된 상징체계이다. 염모제조 업체에서 색상을 표현하기 위해 컬러차트 즉, 모발샘플 이름과 숫자 시스템을 색명으로 고객과 상담 시 사용된다.

MEMO

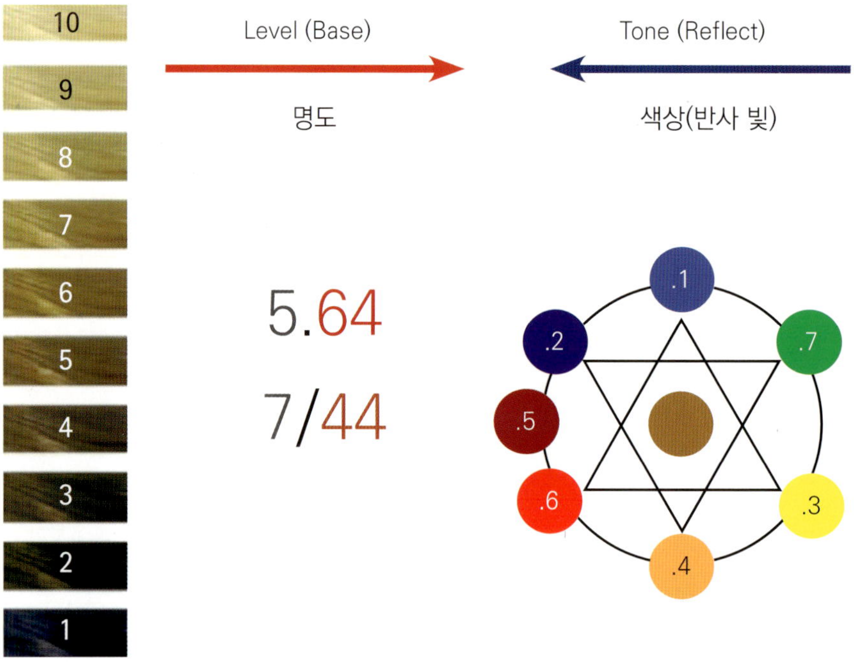

<그림 Ⅱ-10> **넘버링 시스템**

[그림 Ⅱ-10]과 같이 점(.), 슬러시(/), 다시(-) 등의 표시를 하여 앞의 숫자와 뒤의 숫자를 구분한다. 즉 5.64에서 점을 기준으로 앞의 숫자 5는 밝은 갈색이라는 명도를 가지고 있는 염모제이다.

2) 반사빛(refrect)

점(.)을 기준으로 뒤의 숫자를 우리는 반사빛이라 부른다.

반사빛이란 우리가 볼 수 있는 색상을 의미한다. 일반적으로 명도를 나타내는 뒤에 숫자나 알파벳으로 표기를 하는데 이는 제조사마다 차이를 가지고 있다. 이 반사빛은 한 가지 혹은 두 가지를 가지고 있다.

① 색상을 나타내기 위해서는 두 숫자를 사용한다.

- 앞면의 숫자는 1차 반사빛으로서 주 반사빛이다.
- 두 번째 숫자는 2차 반사빛으로 보조 반사빛이 된다.

반사 빛(reflect)

L'Oreal	Wella
.1 – 잿빛	/11 – 애쉬 그레이
.2 – 보랏빛	/2 – 매트
.3 – 금빛	/3 – 옐로우
.4 – 구리빛	/34 – 오렌지 베이지
.5 – 자주빛	/44 – 캐롯 오렌지
.6 – 적빛	/45 – 체리 레드
.7 – 매트빛	/5 – 로즈
	/6 – 바이올렛
	/68 – 핑크펄
	/88 – 블루 실버
	/7 – 브라운

<그림 Ⅱ-11> **제조사의 반사빛 구성**

② 색상을 나타내는 기호는 /(슬래쉬), -(데쉬), .(콤마)를 사용한다.

- 9/3 : 아주 밝은 금발색, 금빛이 주가 되는 색이다.
- 8/34 : 밝은 금발색, 구리빛이 뒤에 살짝 나타나는 금빛색이 주가 되는 색이다.
- 7/43 : 금발색, 금빛이 뒤에 살짝 나타나는 구리색이 주가 되는 색이다.
- 9/03 : 아주 밝은 금발색, 주가되는 1차색은 없다. 2차색은 금색 9/03은 9/3 보다 금빛이 덜하는 것을 의미하며 자연스러운 금빛 밝은 금발색 0은 밝기 없이 단지 자연스러운 색상만을 나타낸다.
- 9/30 : 아주 밝은 금발색, 강한 금빛(강한 금빛 밝은 금발색)
- 9/44 : 아주 밝은 금발색, 진한 구리빛 (진한 구리빛 밝은 금발색)

MEMO

MEMO

<표 Ⅱ-2> 컬러차트의 숫자체계(색명)의 예

명도 / 색상등급		자연모발등급	기본 색상	/1 잿빛	/2 보라빛	/3 금빛	/4 구리빛	/5 자주빛	/6 적빛
색의 농도	10	매우 밝은 금발색	10	10/1	10/2	10/3			
	9	아주 밝은 금발색	9			9/3 9/03	9/04		
	8	밝은 금발색	8	8/1 8/01		8/3 8/03			
	7	금발색	7			7/3 7/34			
	6	어두운 금발색	6	6/1	6/26	6/35	6/43 6/44	6/52	6/60 6/64
	5	밝은 갈색	5		5/2 5/20	5/3			
	4	갈색	4		4/20 4/26	4/3	4/44 4/45	4/52 4/56	
	3	어두운 갈색	3						3/6
	2	갈색을 띤 검정색 (아주 어두운 갈색)	2						
	1	검정색	1						

5. 제조사별 컬러 차트의 비교

위의 여러 제조사의 컬러 차트를 보고 색상 계열의 공통점과 반사빛의 차이, 그리고 명도 단계의 차이 등을 알아볼 수 있다.

<그림 Ⅱ-12> **밀본 코리아 컬러 차트**

MEMO

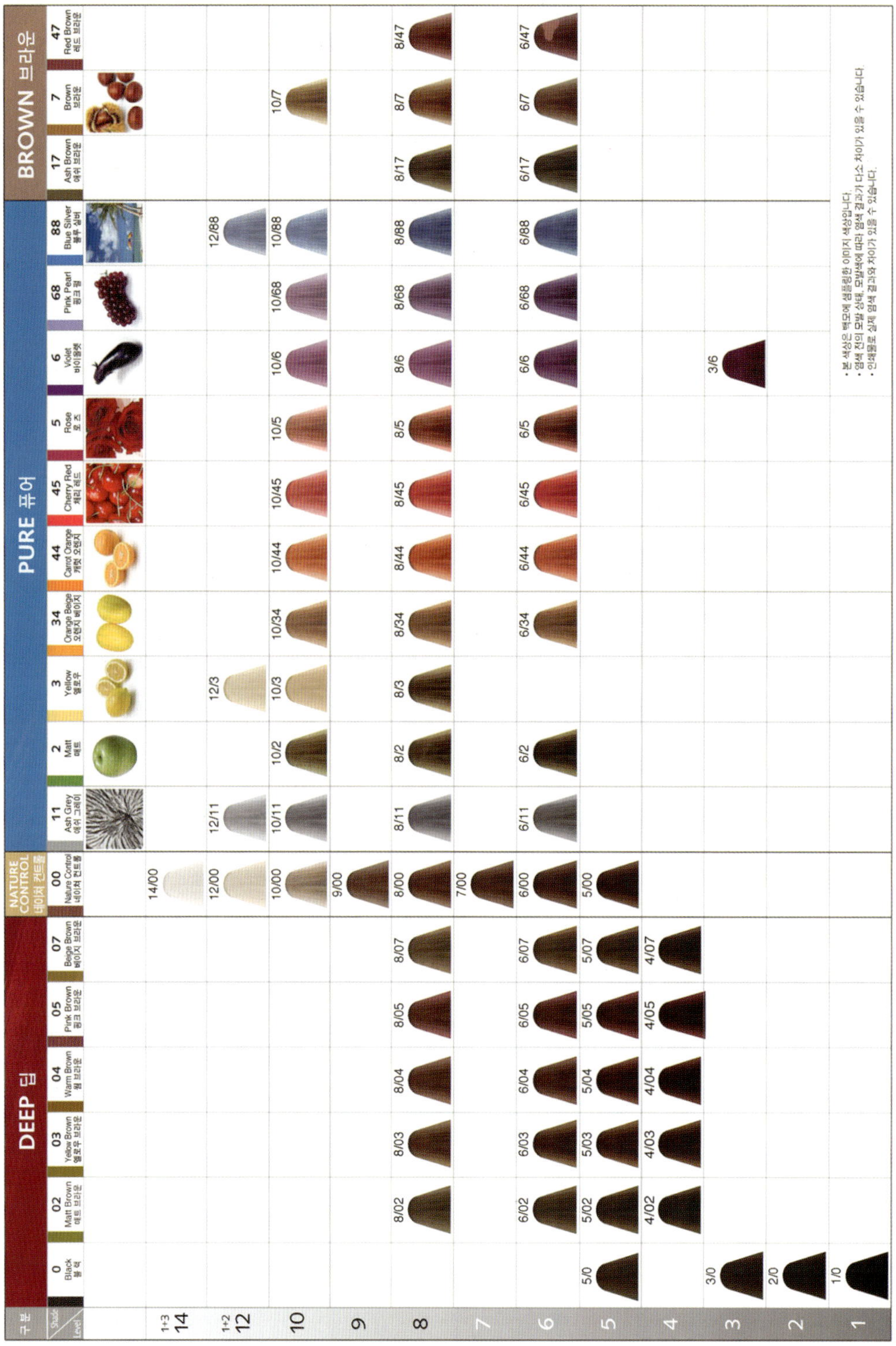

<그림 Ⅱ-13> 웰라 코리아 컬러 차트

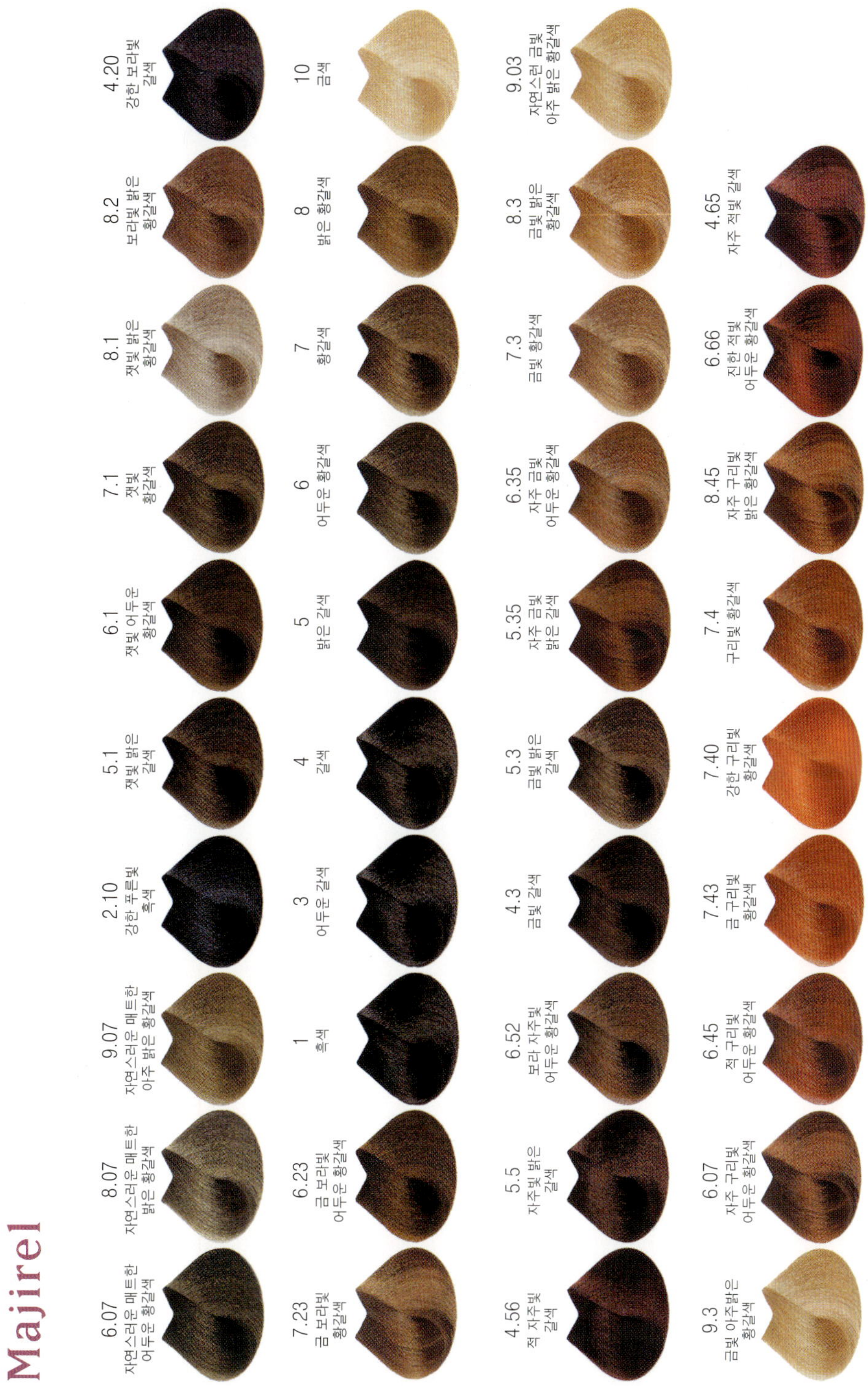

<그림 Ⅱ-14> 로레알 코리아 컬러 차트

MEMO

MEMO

6. 염모제의 혼합

산화 염모제의 제1제를 색소제라고 말하며, 제2제는 산화제라고 하며 이들의 혼합은 제조사마다 차이가 있다. 따라서 염색제의 혼합 비율을 정확히 하는 것은 결과색상에 많은 영향을 미친다. 산화제의 양이 많으면 발색력이 떨어져 결과의 색상이 흐리게 나오며, 산화제의 양이 적으면 결과색상이 탁하게 됨으로써 탈색력이 떨어지게 된다.

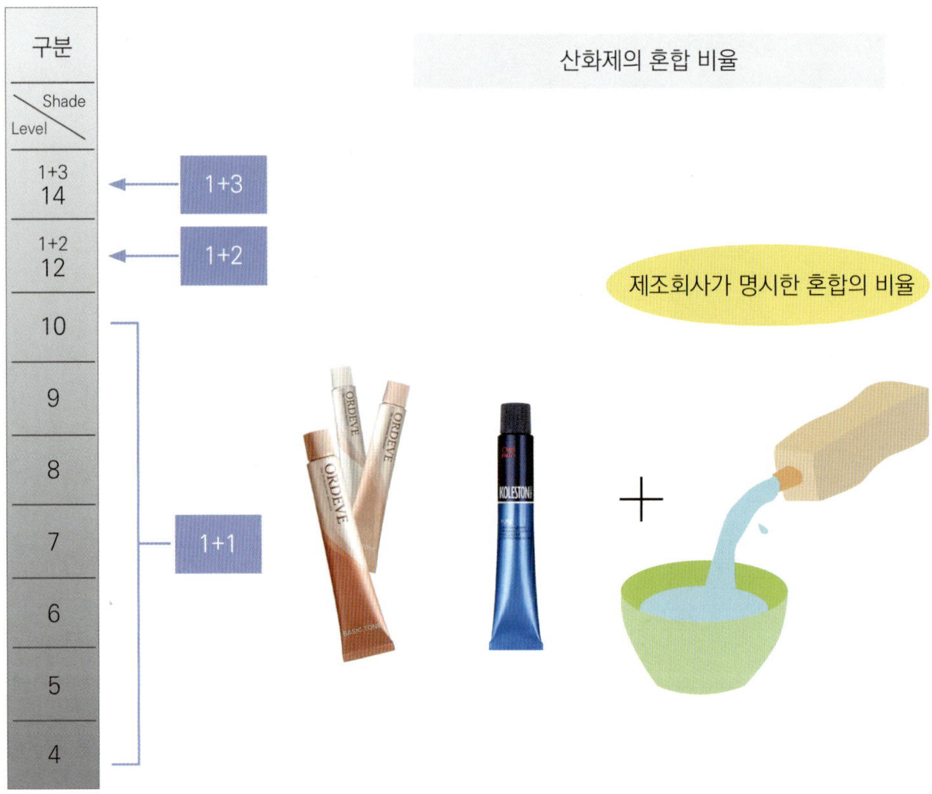

<그림 Ⅱ-15> **염모제와 산화제 혼합의 비율**

7. 블로킹과 염모제의 도포

측수직선(Ear to Ear Part)과 정중선(Center Part)을 이용하여 4등분을 한다.

이때 측수직선은 답 모류중심점인 가마(Whorl)을 기준으로 이어 포인트까지 사선으로 파팅을 한다. 4등분 블로킹을 나누었을때 4등분 면적의 크기가 같게 만들어야 염모제 도포 시 정확한 시술이 가능하다.

MEMO

<그림 Ⅱ-16> **블로킹의 예**

알아두기

브러시는 모근 쪽보다 모발의 길이와 길이 끝의 염모제 도포량이 많아지도록 각도에 따른 도포량을 조절한다.

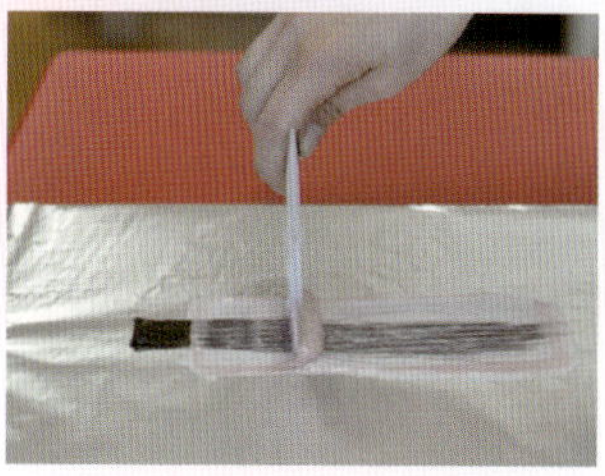

(a) 브러시 각도 90°

(b) 브러시 각도 45°

(c) 브러시 각도 15°

<그림 Ⅱ-17> **브러시 각도에 따른 도포량의 차이**

MEMO

1) 도포량 조절

① 염모제의 도포

두피의 열이 많은 곳과 적은 곳 그리고 모근 쪽과 길이 쪽에 따라 염모제의 도포량을 조절하여 줌으로서 결과색의 균일성을 만들어 준다.

알아두기

예를 들면, 두피의 열이 있는 곳의 도포량을 1이라고 했을 때, 열이 없는 부분의 도포량을 조금 더 도포하여 줌으로써 온도차이로 인한 결과색상의 문제를 방지할 수 있다.

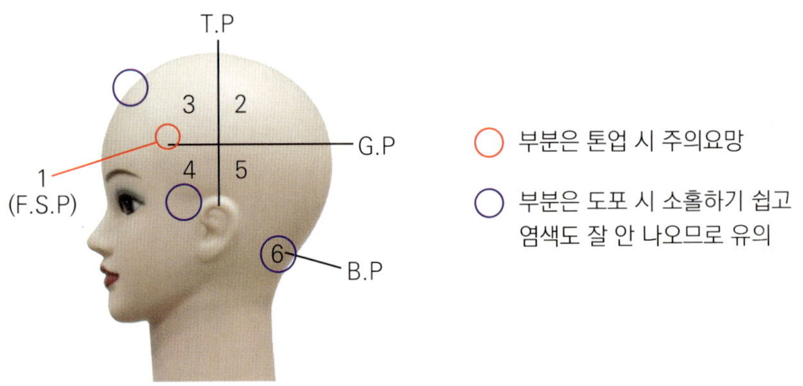

<그림 Ⅱ-18> **두상의 부위별 열의 차이 비교**

② 도포 순서

ㄱ. 백모커버 염색

· A(B) → B(A) → C(D) → D(C) 전두부에서 후두부로의 순으로 도포하나 특히 백모(그레이 헤어)가 많은 부분부터 도포한다.

· 전체적으로 백모가 섞여 있는 경우는 프론트의 헤어라인 부분부터 도포한다.

ㄴ. 멋 내기 염색

· D(C) → C(D) → B(A) → A(B) 후두분에서 전두부의 순으로 도포하나 특히 후두부의 탑에서 네이프를 향해 도포한다.

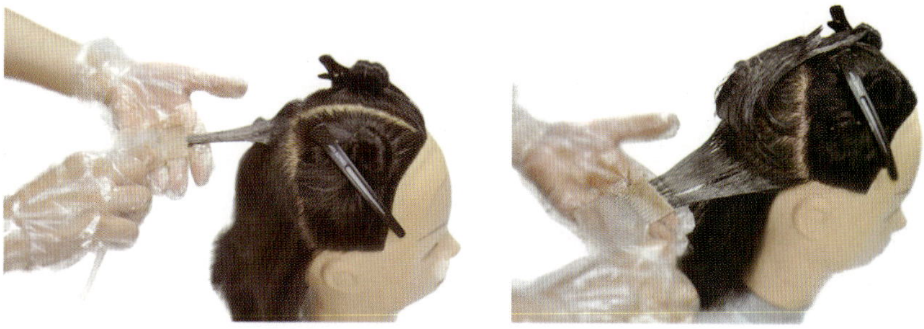

(a) 뒤 우측 탑에서 네이프로 도포

(b) 뒤 좌측 탑에서 네이프로 도포

(c) 앞 우측 탑에서 이어 포인트로 도포

<그림 Ⅱ-19> **염모제 도포 진행의 예시**

③ 슬라이스

파팅은 염모제의 양과 도포 시간에 크게 영향을 받는다. 빠르고 정확한 슬라이스가 되도록 훈련한다.

① 모근 쪽의 슬라이스의 폭은 0.6mm~1cm

② 모발의 길이에서 기염모의 파팅은 2cm 정도로 나누어서 도포한다.

③ 탑에서 네이프로 향하여 도포 하는 것이 도포 시간을 줄이는데 효과적이다.

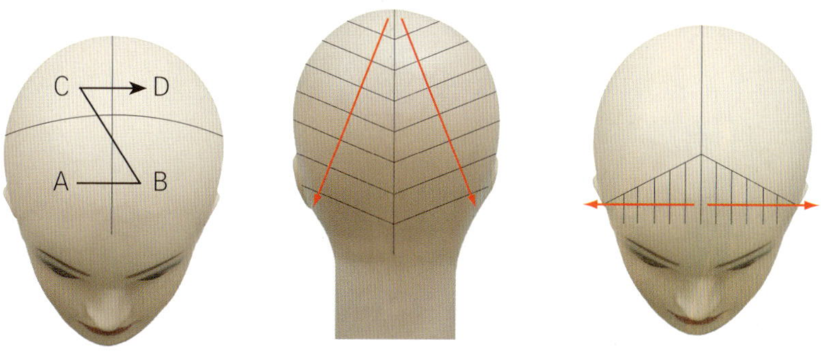

<그림 Ⅱ-20> **슬라이스 예시**

MEMO

MEMO

④ 크로스 체크

도포가 끝났으면 슬라이스 파팅과 직각이 되도록 파팅하여 크로스로 도포한다. 또한 아래에 적힌 포인트는 두발에 얼룩이 지거나 도포 시 빠지기 쉬운 곳이므로 주의해서 확인을 한다.

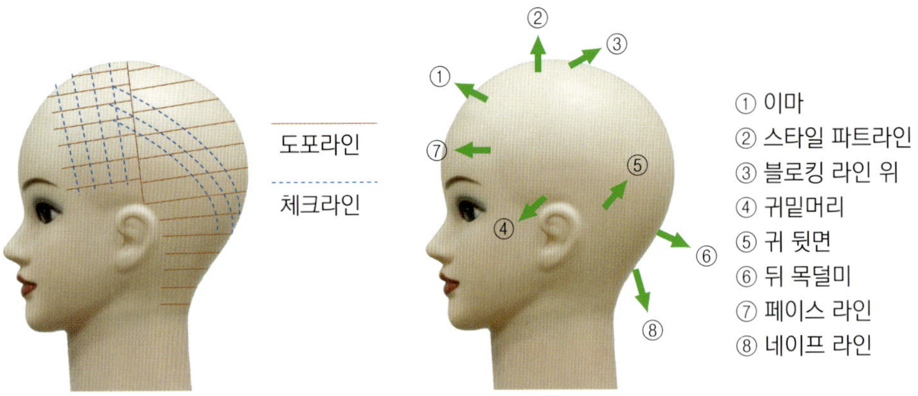

<그림 Ⅱ-21> **크로스 체크의 예**

8. 염색의 방치 시간

1) 염색의 방치 시간

제조사에서 제시하는 방치 시간을 기본으로 한다. 방치 시간 또한 결과색상에 매우 중요한 영향을 미친다. 방치 시간이 부족하면 탈색과 발색이 떨어져 정확한 결과의 색상뿐만 아니라 유지력도 떨어지게 된다. 만일 방치 시간을 오버타임 한다면 색은 탁하고 어두워지는 결과색상을 얻게 된다. 보편적으로 자연 방치 30~40분 정도의 방치 시간을 갖는다. 이때 자연 방치는 실내의 실온을 기준으로 말하며 온도가 떨어지는 경우는 탈색과 발색력이 떨어져 결과색상에 영향을 미친다.

[그림 Ⅱ-22]의 그래프에서 보는 바와 같이 일정한 방치 시간 중에 탈색과 발색이 동시에 진행되는 것을 알 수가 있다.

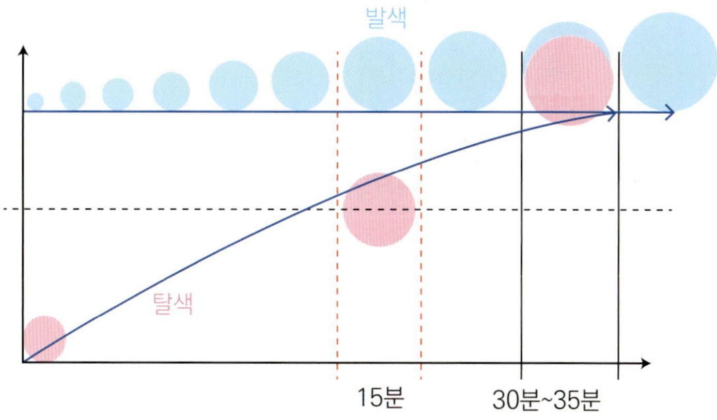

<그림 Ⅱ-22> **이상적 방치 시간의 그래프**

9. 에멀젼과 샴푸

1) 에멀젼

방치시간이 끝난 후 샴푸를 하기위해 유화(Eumlsion)처리로서 약 3~5분간 염모된 두개피에 부드럽게 마사지를 하는 것을 말한다. 이는 두개피에 남아 있는 염모제의 잔여물뿐만 아니라 원활한 얼룩방지와 샴푸처리를 목적으로 시술한다.

① 시술 효과

· 두개피의 염모제 잔여물을 제거한다.
· 얼룩과 색소의 정착을 도와준다.
· 부드러움과 윤기를 더해준다.
· 색소 유지력을 증가시킨다.

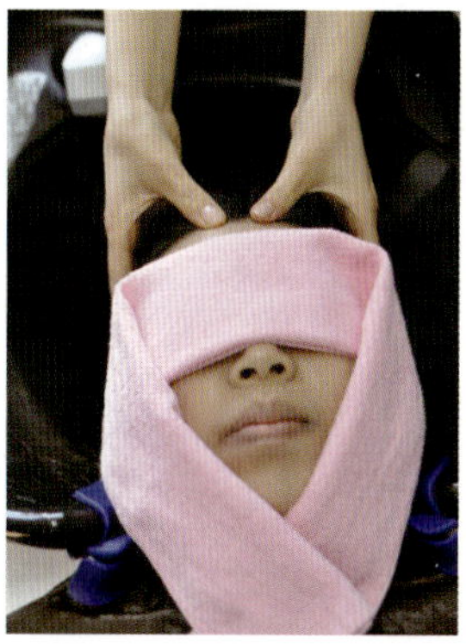

<그림 Ⅱ-23> **에멀젼 시술**

② 시술 방법

· 샴푸 의자에서 발제선을 위주로 두개피의 모근 쪽 마사지를 한다.
· 샴푸 볼 내에서 두발에 약간의 물을 분무한 후 두개피 전체에 유화처리 한다.

MEMO

MEMO

2) 샴푸

염모 후 샴푸는 컬러 전용 샴푸제(산성샴푸)로 시술하는 것이 중요하다.

여성 고객 중 모발이 길거나 모량이 많은 경우, 두상의 부위의 경우는 네이프 포인트 부분(Nape Point), 골든 포인트 부분(Golden Poin.)에서 골든 백 미디움 포인트 부분(Golden Back Medium Point)까지 깨끗하게 샴푸가 되지 않는 경우를 확인할 수 있다. 만약 염모제가 두피와 모발에 남아있을 경우 고객의 두피와 모발은 트러블과 손상을 가중시킬 것이다.

① 시술 방법

① 미온수를 사용하여 염색제의 잔여물을 제거한다.
② 염색제가 다 제거 되었다면 샴푸로 꼼꼼히 세정한다.
③ 미온수로 깨끗하게 헹군 후 트리트먼트한다.

<그림 Ⅱ-24> **염색 전용 샴푸와 트리트먼트**

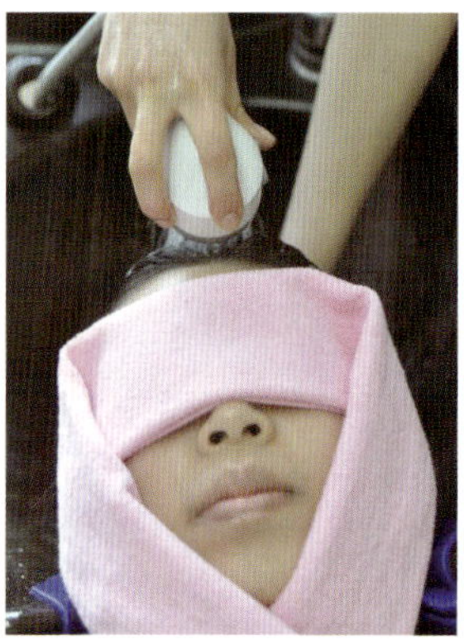

<그림 Ⅱ-25> **고객 샴푸**

실습 과제: 위그를 이용한 산화염모제 도포 (소요시간 60분)

MEMO

· 실습 준비물

캡 마네킹(14cm 두발길이), 홀더 1개, 염모제(4번 또는 6/00) 80g 1개, 산화제 6%(80g) 1개, 염색 브러시, 염색 볼 1개, 타월, 블로드라이어, 라운드 브러시, 염색용 장갑

1) 실습 진행방법

ㄱ. 두상을 4등분 블로킹을 한다.

ㄴ. 염모제 1제와 2제를 혼합한다.

ㄷ. 멋내기 염색 도포 진행의 예시와 같은 순서대로 염모제를 도포한다. 도포 시 모근 1cm를 띄우고 원터치 방법으로 한다.

ㄹ. 염모제 총 도포 시간은 10분 이내이다.

ㅁ. 〈그림 Ⅱ-16〉 블로킹의 예와 〈그림 Ⅱ-19〉 염모제 도포 진행의 예시를 참고로 실습을 진행한다.

2) 실습결과 체크 포인트

ㄱ. 10분내 염모제의 도포를 완성하여야 한다. 일반적으로 염모제 도포의 시간은 5분 이내가 가장 이상적이므로 훈련과 연습을 통해 숙련도를 갖춘다.

ㄴ. 본 두발보다 밝게 염색할 시 모근 1cm를 정확하게 띄워 도포한다.

ㄷ. 슬라이스는 0.6cm~1cm를 넘지 않아야 한다.

ㄹ. 염모제 도포 시 빗질을 하지 않는다.

위의 4가지 사항을 정확히 수행하여 결과를 완성한다.

MEMO

3) 실습 평가

구분	평가 내용	평가 결과		
		미흡	보통	우수
지식	- 염모제 도포의 숙련도? (도포 시간, 슬라이스간격, 도포량의 조절)			
기술	- 위의 실습 체크 포인트 4가지 항목의 수행 결과는?			
태도	- 실습 준비는 철저히 하였는가? - 실습 과정과 마무리 정리 정돈은 잘하였는가?			

08 탈색(Decolorization)

학습목표

1. 탈색의 원리를 설명할 수 있다.
2. 탈색 명도를 파악하고 만들 수 있다.

1. 탈색제의 화학 성분

탈색이란 자연 모발명도를 밝게 변화시키는 것으로써 모피질 내 있는 멜라닌 색소의 산화 과정을 통해서 이루어진다. 탈색제는 제1제인 알칼리제와 제2제인 과산화수소를 주성분으로 1제와 2제를 혼합하여 사용한다.

1) 탈색제의 성분

모발 탈색제는(pH 9.5~10) 알칼리성으로서 이는 모표피를 부드럽게 하고 부풀려 열리도록 해서 탈색제가 모피질로 스며들 수 있도록 한다.

<그림 Ⅱ-26> 탈색제와 산화제

MEMO

MEMO

탈색제는 1제의 성상에 따라 분말형, 크림형, 오일 형태 등이 있으나, 국내에서는 주로 분말형을 주로 사용한다.

Tip 탈색제의 보관에 주의

▶ 탈색제는 일반적으로 분말로서 과황산 암모늄, 과황산 칼륨, 과황산 나트륨을 주로 사용하고 있다. 탈색제는 공기 중의 수분 또는 물과 접촉 시 산소를 방출, 탈색제의 기능을 잃어버린다. 그러므로 습기의 위험을 방지키 위해 방수 팩에 포장되어 있고 사용 후 반드시 밀봉을 해야 한다.

① 제1제

대부분의 분말형 탈색제는 연한 하늘색 혹은 연보라색을 띠는 알칼리성 물질이다. 제조회사에 따라 혼합되는 성분은 다를 수 있으나, 기본적으로 알칼리 성분과 혼합물의 점도를 조절해주는 증점제, 색소 등이 포함되어 있다, 1제는 모발을 팽윤시켜줌으로서 외부로부터 화학성분이 모발 내에 침투시켜 주는 역할을 하고 있다. 또한 알칼리 성분은 2제로 사용되는 과산화수소로부터 산소분리를 촉진시켜주는 역할을 한다.

② 제2제(Hydrogen Proxide)

흰색 액체로 되어 있으며, 불투명 용기에 보관되어 있다. 주성분은 과산화수소로서 모발에서의 탈색과 발색 작용을 진행한다.

무색의 액체, 무향으로서 불규칙한 표면, 물리적 자극, 열, 상온 노출 등에 의해 물과 산소로 분리가 쉽게 되는 불안정한 혼합물이며 암모니아에 의해 분할이 가속된다.

ㄱ. 과산화수소수의 사용 범위

과산화수소는 염모제 시술 전 모발의 명도를 조절하기 위하여 시술하는 사전 탈색(pre-lightening), 원하지 않는 색소를 제거하기 위한 탈염방법인 지우기(Cleansing),닦아내기(Deep Cleansing)에 사용한다.

2) 탈색모의 등급

블리치 레벨은 염색을 시술에 있어서 매우 중요한 기준이 된다.

그 이유는 고객이 희망하는 색상이 어느 정도의 블리치 레벨에서 표현이 되는지를 파악하는데 기준이 되며, 재염색시 기염모는 블리치 레벨로 진단함으로써 시술 진행 과정을 예측시킨다.

① 모발색의 재거

① 탈색제인 제1제(알칼리제)와 제2제(과산화수소)를 혼합하여 사용한다. 사용방법 몇 시간 차이에 따라 모발색소의 변화단계를 갖는다.

② 탈색제 (1제)와 산화제(2제)를 혼합하여 모발에 도포하였을 때 발생되는 산소에 의해 모피질 속의 유와 페오 색입자가 색이 없는 옥시멜라닌 분자 형태로 변화된다.

③ 유 멜라닌(입자형) 색소가 먼저 옥시화된 후 페오 멜라닌(분사형) 색소가 옥시화 된다. 유 멜라닌을 구성하고 있는 색소 중에서 파랑의 색소가 가장 먼저 제거되며, 빨강, 노랑의 순서로 제거가 된다 이때 제거되고 남은 색소가 일정한 밝기와 반사빛으로 기여(바탕) 색소로 남게 된다.

블리치 레벨은 모발이 산소에 의하여 멜라닌 색소가 산화되는 과정을 거치게 된다. 이때 제거되고 남은 멜라닌 색소가 일정한 밝기와 반사빛을 나타나 세 된다. 이것을 일정한 밝기의 기준에 따라 나누어 놓은 것을 블리치 레벨이라고 하며 이 블리치 레벨은 1단계에서 10단계까지의 등급으로 구분시킨다.

알아두기

탈색모 등급(Bleach Level)은 보통 10레벨로 사용을 하나 제조 회사에 따라 15레벨 혹은 20레벨로 사용을 하기도 한다. 이는 10레벨 스케일을 다시 작게 나눠 사용하기 때문이다.

ex) 블리치 레벨이 6번(오렌지)과 7번(노랑 오렌지) 사이를 블리치 레벨 6 2/1레벨이라고 하는 것을 더 세분화하여 나눈 것이다.

① 탈색 단계는 자연 모발색의 기본명도를 바탕으로 밝게 하는 경우로서 시간이 지남에 따라 드러나는 기본색상이라 할 수 있다.

② 탈색 단계는 붉은 색의 반사빛에서 점차로 주황색 반사빛, 그 후 노란색 반사빛 또 그 후에는 흰빛이 되면서 탈색이 정지된다.

③ 탈색제의 성분에는 트리트먼트 성분(습윤제, 유화제, 가용화제, 유성성분, 향로 등)이 들어있지 않아 모발 손상도가 크다.

MEMO

MEMO

	블리치 레벨
10	아주 밝은 노랑
9	밝은 노랑
8	노랑
7	노랑 오렌지
6	오렌지
5	붉은 오렌지
4	빨강
3	빨강
2	적 보라
1	검정

<그림 Ⅱ-27> **탈색 명도별 비교**

① 탈색의 명명

탈색은 모발 자체의 자연모의 색상을 밝게 하는 산화과정이다. 원하는 색상을 만들어 내기 위한 기여(바탕)색소를 만들어 낸다. 즉 탈색을 시술하기 전, 우선 원하는 색조(이상적인 색조)가 무엇인지, 현재 모발의 범주(자연모발 색상)는 무엇인지 인지해야 한다. 제품선택에 따른 탈색, 농도(세기)정도 등을 헤어 라이턴닝(Hair Lightening), 디콜라이제이션(Decolorization), 블리치(Bleach) 등을 탈색이라고도 한다.

② 탈색의 목적

본래 모발 색상을 좀 더 밝게 하거나 염색 전 준비 과정으로서 2차적 기여 색소를 목적으로 한다.

③ 탈색 시 유의사항

· 탈색제는 두개피부에서 최고 1시간까지 안전하다.
· 반드시 미지근한 물과 산성샴푸로 탈색제를 제거한다.
· 고객기록 카드에 빠짐없이 기록한다.
· 탈색 시 사용한 모든 도구와 기기들을 청결히 소독하여 주의하여 보관한다.

블리치 레벨은 염색을 시술에 있어서 매우 중요한 기준이 된다. 그 이유는 고객이 희망하는 색상이 어느 정도의 블리치 레벨에서 표현이 되는지를 파악하는데 기준이 되며, 재염색의 시술시 기염모의 진단을 블리치 레벨로 진단을 하여 시술 진행 과정을 파악하게 되기 때문이다.

(a) 입자형 멜라닌 색소 (b) 분사형 멜라닌 색소

<그림 Ⅱ-28> **멜라닌 색소의 제거 순서**

MEMO

실습 과제: 블리치 레벨 만들기 (소요시간 120분)

· **실습 준비물**

탈색제 1제 500g, 2제 20v 960ml, 자연모 스와치(7cmx15cm)6개, 염색 볼, 산성샴푸, 컨디셔너, 염색 브러시, 호일 2장, 타월, 블로 드라이어, 라운드 브러시

1) 실습 진행방법

(1) 자연모 스와치 모다발을 호일 위에 고정시킨다.

<그림 Ⅱ-29> **자연모 3레벨**

(2) 1제(1): 2제(2~3)의 비율로 혼합하여 스와치 스트랜드 앞면과 뒷면을 번갈아 잘 도포하여 준다. 이때 가장 오랜 시간이 걸리는 명도가 높은 탈색모를 기준으로 하여 도포 순서를 정한다.

<그림 Ⅱ-30> **탈색제의 도포**

(3) 첫째면 도포는 원하는 탈색모 등급(9레벨)에, 두 번째 도포는 8레벨에, 세 번째는 7레벨, 네 번째 6레벨, 다섯 번째 5레벨, 마지막으로 4레벨에 도포함으로써 순차적으로 시간차를 두고 도포한다.

(4) 도포 후 원하는 탈색모발 등급을 확인하기 위한 시간과 시술 확인을 한다.

(5) 탈색제 도포 20분~30분 정도가 되면 탈색의 효과가 떨어지므로 모다발을 헹구어내고 블로 드라이어로 말려 탈색제를 재 도포 한다.

<그림 Ⅱ-31> **탈색제 도포 후 방치 시간**

(6) 희망하는 블리치 레벨이 나올 때까지 염색 브러시를 이용하여 마사지를 하면 더 빠르게 결과를 볼 수가 있다.

(7) 각각의 모다발이 탈색되면 깨끗하게 산성샴푸를 하고 블로 드라이어로 말려 스크랩을 한다.

2) 실습 결과 및 평가

(1) 탈색모 결과색

아래의 레벨 차트와 비교 정확한 결과를 만들었는지 비교한다. 그리고 각 블리치 레벨 별 탈색제의 혼합 비율과 방치시간 등을 발표하여 보자.

<그림 Ⅱ-32> **탈색 명도 10 단계**

MEMO

MEMO

3) 실습 평가

<table>
<tr><th rowspan="2">구분</th><th rowspan="2">평가 내용</th><th colspan="3">평가 결과</th></tr>
<tr><th>미흡</th><th>보통</th><th>우수</th></tr>
<tr><td>지식</td><td>- 블리치 레벨의 구성 단계를 설명할 수 있는가?
- 탈색제의 사용 방법을 이해하고 설명할 수 있는가?
- 탈색제 성분 및 작용 등을 설명할 수 있다.
- 탈색제의 유해성을 설명할 수 있다.
- 탈색모 샴푸 사용 방법을 설명할 수 있다.</td><td></td><td></td><td></td></tr>
<tr><td>기술</td><td>- 탈색모 단계를 위해 도포과정을 잘 지켰는가?
- 기여(바탕)색소 결과 체크리스트를 잘 만들었는가?
- 탈색제 1제와 2제를 혼합하여 스와치에 도포할 수 있다.
<table>
<tr><th></th><th>기여색소등급</th><th>소요시간</th><th>혼합 비율과
시술 횟수</th></tr>
<tr><td>10</td><td>아주 밝은 노랑</td><td></td><td></td></tr>
<tr><td>9</td><td>밝은 노랑</td><td></td><td></td></tr>
<tr><td>8</td><td>노랑</td><td></td><td></td></tr>
<tr><td>7</td><td>노랑 오렌지</td><td></td><td></td></tr>
<tr><td>6</td><td>오렌지</td><td></td><td></td></tr>
<tr><td>5</td><td>붉은 오렌지</td><td></td><td></td></tr>
<tr><td>4</td><td>빨강</td><td></td><td></td></tr>
<tr><td>3</td><td>빨강</td><td></td><td></td></tr>
<tr><td>2</td><td>적보라</td><td></td><td></td></tr>
<tr><td>1</td><td>검정</td><td></td><td></td></tr>
</table></td><td></td><td></td><td></td></tr>
<tr><td>태도</td><td>- 실습 후 고객 관리 차트를 잘 작성하였는가?
- 탈색모 결과 후 샴푸처리는 잘했는가?
- 실습 준비(상담)는 철저히 하였는가?
- 실습 과정과 마무리 정리 정돈은 잘하였는가?</td><td></td><td></td><td></td></tr>
</table>

MEMO

09 산화염모제의 결과색상

학습목표

1. 염색의 결과색상에 대하여 설명할 수 있다.
2. 염모제 색상별 그 결과색상을 예상하고 설명할 수 있다.
3. 염색의 결과색상을 통하여 고객의 희망색상에 대한 시술 방법을 설명할 수 있다.

1. 자연 모발색(Natural Hair Pigment)

눈을 통해 인식되는 모발색은 멜라닌의 색소(유·페오멜라닌) 양과 분포에 따라 결정된다. 이는 모발내의 모피질에 분포하는 기여(바탕)색소로서 모구부 내 색소형성세포(Melanocyte)에서 생성된다.

알아두기

(1) 모발색의 결정 요인

① 유전 또는 나이에 의해 사람마다 독특한 모발색이 결정된다.

② 멜라닌의 농도에 의해 결정된다.

- 모발의 두께, 색소과립의 총 개수와 크기를 나타낸다.

③ 멜라닌의 유형과 분포량(페오·유멜라닌의 비율)에 의해 결정된다.

- 페오 멜라닌 : 붉은색과 노란색의 분사형 색소로서 황(1) : 질소(2)의 비율을 갖고 있다.
- 유 멜라닌 : 붉은색과 갈색의 과립형 색소로서 다양한 어두운 색을 갖고 있다.
- 모발 내에서 색 분포 밀도는 유멜라닌 색소 입자의 크기에 의해 결정된다.

(2) 멜라닌의 생합성

① 모발에서 가장 두터운 모피질(80~90%)은 멜라닌이라는 자연색소 물질인 색소과립을 포함하고 있다.

② 색소과립은 멜라닌 세포 내의 소기관인 멜라노좀에서 합성된다.

③ 멜라노좀(색소를 만들어내는 세포)에서 타이로시나제 효소가 작용하여 합성된 색소과립은 수지상 돌기를 통하여 배출함으로써 모피질내에 색소단백질(melanoprotein) 상태로 전송된다.

<표 Ⅱ-3> **자연모 등급에 따른 기여색소와 색소의 농도**

명도범주	등급	자연모발등급	기여색소등급	모발색 범주	색소의 농도(채도)
고명도 (Light)	10	매우 밝은 금발색	아주 밝은 노란색	밝은 색조 〈노랑〉	높음
	9	아주 밝은 금발색	밝은 노란색		중간
	8	밝은 금발색	노란색		낮음
	7	금발색	노랑 오렌지색	중간 색조 〈빨강+노랑〉	높음
중명도 (Medium)	6	어두운 금밝색	오렌지색		중간
	5	밝은 갈색	붉은 오렌지색		낮음
	4	갈색	붉은색	어두운 색조 〈빨강〉 〈파랑〉	높음
	3	어두운 갈색	어두운 적색		중간
저명도 (Dark)	2	갈색을 띤 검정색 (아주 어두운 갈색)	적보라색		낮음
	1	검정색	검정색		낮음

모발색은 색조인 명도(Lightness)와 색상(Hue of color)을 갖는다. 즉 밝음과 어두움, 차가움과 따뜻함이 갖는 색조와 색원물질인 빨강, 노랑, 파랑이 갖는 색상은 어둡거나 밝거나 중간색을 나타내는 범주를 갖는다. 또한 모발색은 노란색 30%, 빨간색 20%, 파란색 10%의 색균형(색소의 균형)으로 이루어져있다. 색균형은 동일하나 농도에는 차이가 있다.

2. 모발염색이론

현재 모발 색과는 다른 어떤 색조를 갖기를 원하는 고객이 있다면 이에 대해 염색 결과색을 이해해야 한다. 모발의 색을 바꾸는 방법은 3가지가 있다.

첫째. 탈색처리에 의한 모발의 색을 보다 밝게 하는 방법
둘째. 인공적으로 색을 모발에 부여하는 방법
셋째. ①,②를 동시에 시술에 이용하는 방법

이러한 과정을 조합해 볼 때 모발의 기여색소가 모든 새로운 모발염색의 기초가 되는 즉, 탈색과 발색과정이다.

1) 염색의 결과색상

산화염료의 결과색상은 염모제 1제와 과산화수소 제2제의 역할로 이루어진다.

① 염모제 1제

산화염료(커플러+전구체)와 알칼리제(NH_3)로 구성된다. 염료중간체를 고분자 화합물로 결합시켜 발색에 따른 화학작용을 한다.

② 염모제 2제

과산화수소(H_2O_2)는 염색 촉진제에 포함된 산화제로서 산화반응을 일으켜 염착을 촉진시킨다. 즉 ①의 역할과 함께 H_2O_2의 산소가 염료와 결합되는 과정을 통하여 이 과정에서 염모제의 작은 분자들은 서로 사슬을 형성 고분자 구조를 형성시킨다.

③ 탈색

1제 중의 알칼리제와 제2제의 H_2O_2와의 반응에 의해 산소가 발생하여 모발 내부의 멜라닌을 분해한다.

④ 발색

염료의 산화중합과정으로서 본래 색을 지니지 않은 산화염료(유기합성염료)가 발생하는 산소에 의해 중합됨으로써 색을 드러낸다. 이때 색은 큰 입자를 형성 불용성으로서 모발 내부로 흘러나오지 않는다.

	블리치 레벨	넘버링 전환
10	아주 밝은 노랑	10.03
9	밝은 노랑	9.3
8	노랑	8.3
7	노랑 오렌지	7.43
6	오렌지	6.4
5	붉은 오렌지	5.64
4	빨강	4.6
3	빨강	
2	적 보라	
1	검정	

+

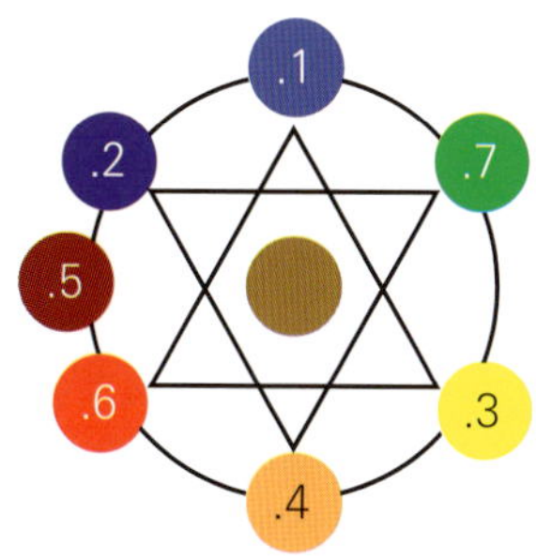

<그림 Ⅱ-33> 동일 조건에서의 색상 겹침

MEMO

MEMO

알아두기

아래 염색의 원리는 여러 가지 다양한 색상의 결과를 시술 시 유추해 볼 수 있다.

결과색상의 유추는 두 가지 의미로 생각해 볼 수 있다. 한 가지는 염모제와 산화제를 혼합 도포 시 어떤 결과를 만들어 줄 수 있는가라는 문제이고, 다른 한 가지는 정확한 색상을 만들어 주기 위하여 시술의 방법을 알 수가 있다.

동일 조건에서의 색상 겹침

A	B
자연모 3레벨(어두운 갈색) 산화제 : 20 vol(6%) 도포한 색상: 5번 밝은 갈색	자연모 3레벨(어두운 갈색) 산화제 : 20 vol(6%) 도포한 색상: 5.3 금빛 밝은 갈색

	블리치 레벨	도포 색상	결과 색상
5	5.64	5	5.64

	블리치 레벨	도포 색상	결과 색상
5	5.64	5.3	5.64

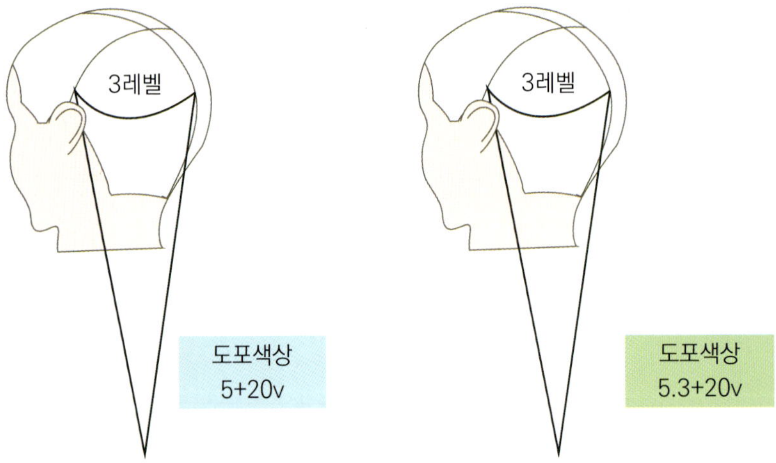

<그림 Ⅱ-34> **염색의 결과색상의 비교**

위의 두 가지 상황을 정리하여 본다면

A)의 결과를 요약하면, 최종 염색 결과는 도포색상 + 탈색 결과의 혼합이다. 영구 염모제와 20vol에 의한 모발 명도의 변화는 현재 모발 명도보다 2레벨 오른 5레벨이다. 블리치 레벨 5. 붉은 오렌지를 넘버링 전환하면 5.64이고 도포색상이 반사빛이 없는 5.0이므로 최종결과는 5.64가 된다.

B)의 결과를 요약하면 최종 염색 결과는 탈색결과 5.64이고 도포 색상이 5.3으로 반사빛이 금빛이 혼합되어 나타난다. 탈색의 결과인 .64의 반사빛이 붉은 오렌지색이므로 도포 색상의 금빛이 혼합되어 A)의 결과에 비해 오렌지 빛이 더욱 부드럽게 표현된다.

실습 과제: 산화 영구염모제의 결과색상 (소요시간 90분)

· 실습 준비물

산화 염모제 반사빛 종류별 각 1개(10/11, 10/2, 10/3, 10/34, 10/45, 10/6), 염색 브러시 6개, 염색 볼 6개, 산화제 1000ml 1개, 탈색모 스와치(4~10단계 1set) 6개, 타월, 블로 드라이어, 라운드 브러시, 염색용 장갑

1) 스와치를 이용한 산화 염모제 시술

① 6인 1조로 그룹을 나눈다.
② [그림 Ⅱ-35]와 같이 각 탈색모(4~10)레벨를 한 장의 호일에 올려놓는다.
③ [그림 Ⅱ-36]과 같이 탈색모(4~10레벨)에 산화염모제를 도포한다.
④ 염모제의 방치 시간을 본 후 샴푸하여 블로 드라이어로 건조를 한다.

<그림 Ⅱ-35> **염색의 결과색상 준비의 예시**

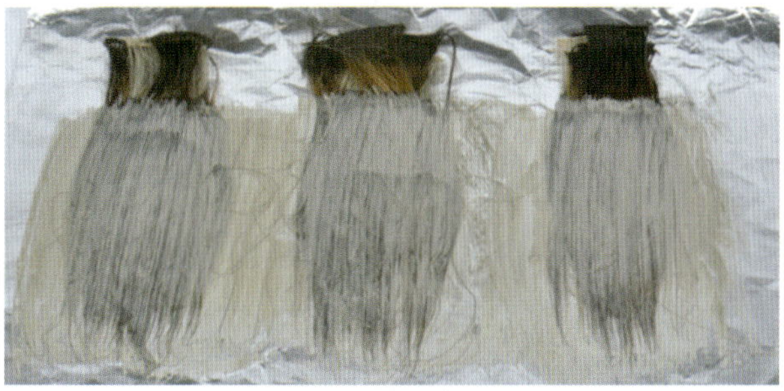

<그림 Ⅱ-36> **염모제 도포의 예시**

MEMO

염모제의 반사빛 별 결과색상

염색의 결과 색상(로레알 8.1)

4 5 6 7 8 9 10

염색의 결과 색상(밀본 8-10)

4 5 6 7 8 9 10

염색의 결과 색상(호유 A-10/9)

4 5 6 7 8 9 10

염색의 결과 색상(웰라 8/11)

4 5 6 7 8 9 10

염색의 결과 색상(밀본 9-60)

4 5 6 7 8 9 10

염색의 결과 색상(호유 V-8/7)

4 5 6 7 8 9 10

염색의 결과 색상(로레알 8.2)

4 5 6 7 8 9 10

염색의 결과 색상(웰라 10/6)

4 5 6 7 8 9 10

염색의 결과 색상(웰라 8/3)

4 5 6 7 8 9 10

염색의 결과 색상(로레알 6.3)

4 5 6 7 8 9 10

염색의 결과 색상(호유 G-10/12)

4 5 6 7 8 9 10

염색의 결과 색상(밀본 6-30)

4 5 6 7 8 9 10

염색의 결과 색상(밀본 8-45)

4 5 6 7 8 9 10

염색의 결과 색상(로레알 7.43)

4 5 6 7 8 9 10

염색의 결과 색상(웰라 8/34)

4 5 6 7 8 9 10

염색의 결과 색상(호유 8C-8/8)

4 5 6 7 8 9 10

MEMO

MEMO

염색의 결과 색상(로레알 5.5)

4 5 6 7 8 9 10

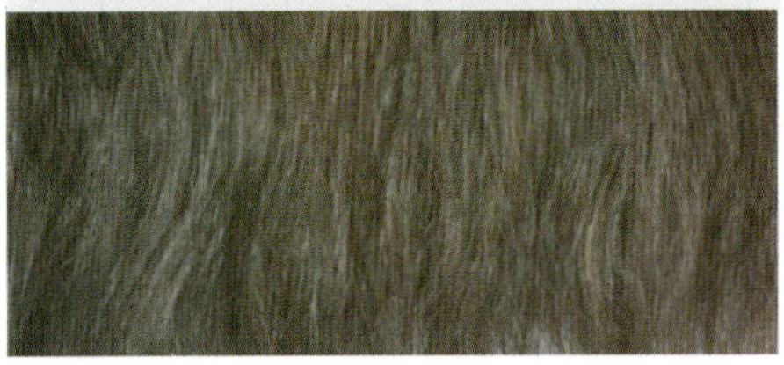

염색의 결과 색상(밀본 6-50)

4 5 6 7 8 9 10

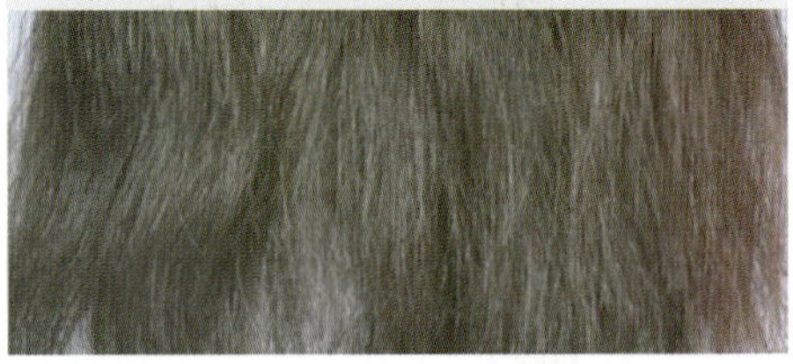

염색의 결과 색상(웰라 8/5)

4 5 6 7 8 9 10

염색의 결과 색상(밀본 7-55)

4 5 6 7 8 9 10

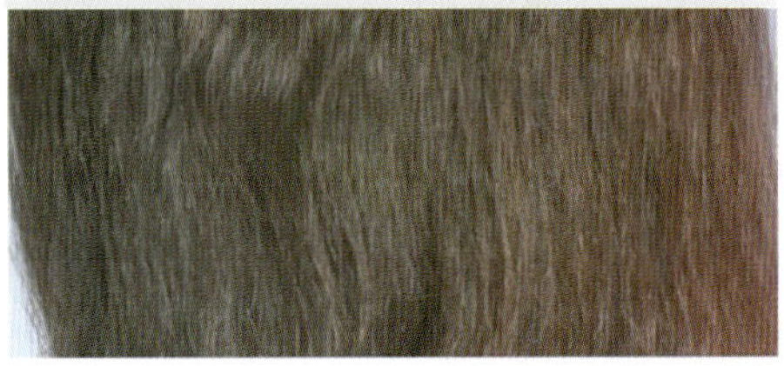

염색의 결과 색상(호유 RR-5)

4 5 6 7 8 9 10

염색의 결과 색상(로레알 6.66)

4 5 6 7 8 9 10

염색의 결과 색상(호유 R-8/7)

4 5 6 7 8 9 10

염색의 결과 색상(웰라 6/45)

4 5 6 7 8 9 10

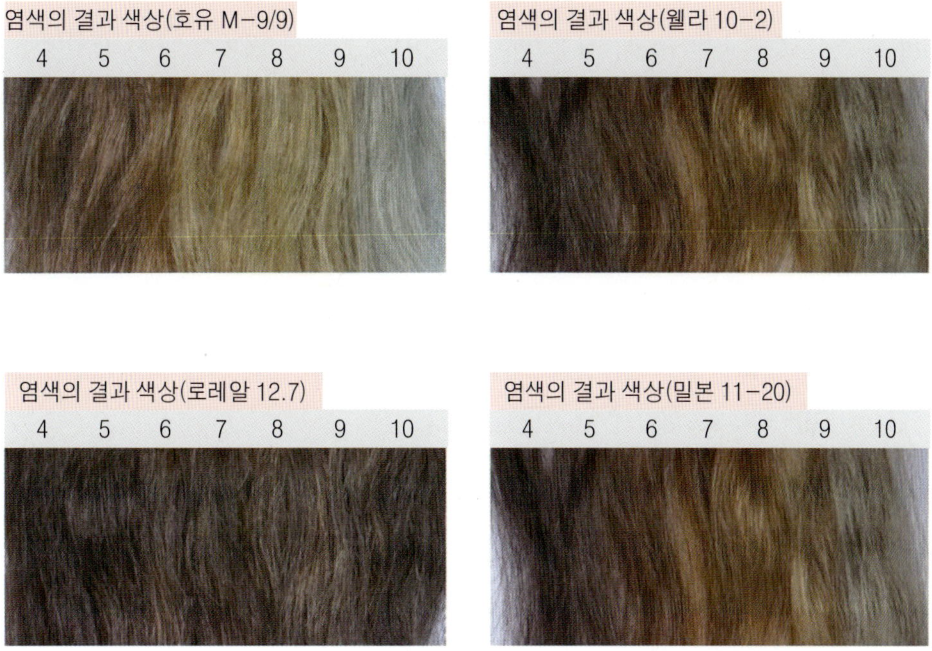

<그림 Ⅱ-37> **각 블리치 레벨에 브랜드별, 염모제의 반사빛 별 결과색상**

MEMO

MEMO

2) 시술 결과표

컬러 차트와 시술한 결과색상을 비교하여 가장 정확한 결과가 나온 레벨에 (O, X)를 한다.

<표 Ⅱ-4> **염색 결과색상과 컬러 차트를 비교 정확한 결과색상 체크 표**

사용한 색상		각 블리치 레벨별 결과색상						
		BL 4	BL 5	BL 6	BL 7	BL 8	BL 9	BL 10
10/1	예상결과							
	결과색상							
10/2	예상결과							
	결과색상							
10/3	예상결과							
	결과색상							
10/34	예상결과							
	결과색상							
10/45	예상결과							
	결과색상							
10/6	예상결과							
	결과색상							

3) 실습 평가

구분	평가 내용	평가 결과		
		미흡	보통	우수
지식	- 산화 영구염색의 결과색상을 이해하고 말하였는가?			
기술	- 염색의 결과색상과 컬러 차트 결과가 일치하였는가?			
태도	- 실습 준비는 철저히 하였는가? - 실습 과정과 마무리 정리 정돈은 잘하였는가?			

학습정리

1. 패치 테스트는 염모제의 알레러지 반응을 파악하기 위한 것으로 고객 시술 48시간 전 테스트를 통하여 시술 가능 여부를 파악하여야 한다.

2. 염모제는 주성분과 지속 기간, pH에 의하여 구분된다. 일반적으로 일시적인 염모제, 반영구 염모제, 산화 염모제로 구분을 하며, 반영구 염모제는 산성 염모제, 산화 염모제는 알칼리 염모제아다.

3. 반영구 염모제는 직접 염모제(Direct color)라고도 하며, 이는 색소가 모발의 표피에 이온 결합의 방식으로 정착하여 결과를 만들기 때문이다.

4. 반영구 염색 전 샴푸는 산성샴푸를 사용함으로써 색조정착에 향상을 주며, 산화 염모 전 샴푸는 과도한 스타일 제품을 사용했을 경우나 혹은 에센스 종류의 스타일 제품을 사용하였을 경우 두발만 가볍게 샴푸를 한다.

5. 자연모의 명도를 파악하는 것은 고객의 희망색상을 시술하는 가장 기본적인 요소이다. 그러므로 자연모 레벨 진단을 파악하므로 염색 방법을 결정할 수 있다.

6. 과산화수소에서 발생되는 발생기 산소는 모발 내 멜라닌 탈색과 염구 염모제의 염료를 산화중합반응을 동시에 일으킨다.

7. 모발색소를 탈색시키는 요소는 멜라닌색소(자연적) 요소와 인공적인색소와 연관되어 말할 수 있다.

8. 염색의 가장 이상적인 방법은 정확한 색상과 모발 손상의 최소, 색상의 유지력 등 이다. 그러므로 정확한 결과색상은 염모제의 정확한 비율을 통한 혼합과 정확한 방치 시간, 도구의 올바른 사용 등이라 할 수 있다.

9. 염모제의 경우 두피의 열이 많은 곳과 적은 곳 그리고 모근 쪽과 길이 쪽에 따라 염모제의 도포량을 조절하여 줌으로서 결과색의 균일성을 만들어준다.

10. 방치 시간은 결과색상에 매우 중요한 영향을 미친다. 방치 시간이 부족하면 탈색과 발색이 떨어져 정확한 결과의 색상뿐만 아니라 유지력도 떨어지게 된다. 만일 방치 시간을 오버타임 한다면 색은 탁하고 어두워지는 결과색상을 얻게 된다.

MEMO

MEMO

학습정리

11. 염모 후 샴푸의 방법을 에멀전이라고 하며 에멀젼은 두피와 모발의 염색 잔여물을 제거하며 염색 색소의 정착력을 도와주고, 부드러움과 윤기, 색의 유지력을 증가시켜 준다.

12. 탈색의 사용은 제1제와 제2제를 혼합하여 사용한다. 이때 혼합과 동시에 산소의 발생으로 모발을 산화(탈색)되어 모발이 밝아진다. 이러한 밝아지는 단계를 등급화 시킨것이 블리치 레벨이다.

13. 염색의 결과색상은 탈색과 발색으로 블리치 레벨과 사용한 색상이 합쳐져 결과의 색상을 만든다.

학습문제 염색 기초이론과 실무

객관식

01 다음 보기를 보고 알맞은 것을 고르시오.

> 컬러 스프레이 혹은 컬러 젤 무스타입의 제품 등으로 모표피의 비늘층 모양 구조 표면에 색소가 갇혀 있게 되며 1회의 샴푸로 색소는 지워지게 된다.

① 일시적 염모제
② 반영구적 염모제
③ 산성 염모제
④ 산화 영구 염모제
⑤ 탈색제

02 다음 보기를 보고 알맞은 것을 고르시오.

> 흔히 산성컬러, 헤어 매니큐어라고 하며 1제만으로 구성되어 있으며, 다른 화합물과 혼합하여 사용하지 않기 때문에 직접 염모제라고도 한다. 보통 약산성을 띠는 염모제이며, 제품에 따라 또는 모발의 손상정도에 따라 유지력의 차이를 보인다.

① 탈색제
② 산화 영구 염모제
③ 반영구적 염모제
④ 일시적 염모제
⑤ 영구적 염색제

MEMO

MEMO

03 다음 보기를 보고 알맞은 것을 고르시오.

> 모발에 영구적인 색상의 변화를 가져와 모발을 잘라내기 전까지 지속성을 가진다는 특성이다. 염모제와 산화제로 구성이 되며, 알칼리제에 의하여 표피의 팽창이 일어나며 모피질에서 탈색의 반응으로 블리치 레벨을 만들며 발색의 반응으로 도포한 색상이 만들어진다.

① 반영구적 염모제　② 산화 영구 염모제　③ 일시적 염모제
④ 산성 염모제　⑤ 탈색제

04 반영구적 염모제의 특징으로 알맞지 <u>않은</u> 것을 고르시오.

① 마찰에 의해 색소가 떨어질 수 있으며, 땀 또는 수분에 의해 지워질 수 있다.
② 시술한 뒤 약 2~4주가 지나면 모발 본래의 색으로 돌아간다.
③ 윤기를 주면서 다공성 모발의 손상된 부분을 일정 기간 메울 수 있다.
④ 색상의 차이에 의한 명도 이외에 모발의 명도를 높이지 못한다.
⑤ 반영구적 염모제는 산성컬러, 매니큐어라고도 불린다.

05 염색의 결과색상으로 알맞은 것을 고르시오.

① 염모제(1제) + 산화제(2제)
② 고객의 희망색상 + 도포한 색상
③ 블리치 레벨 + 도포한 색상
④ 도포한 색상 + 시술방법
⑤ 신생모 + 기염모

06 산화 영구 염모제의 특징으로 알맞지 <u>않은</u> 것을 고르시오.

① 색조의 변화를 가져올 수 있다.
② 산화 과정 및 알칼리 성분으로 인한 모발 손상이 있다.
③ 색상의 지속력이 길다.
④ 시술 시 두피 온도 차의 영향을 받지 않는다.
⑤ 알레르기 반응을 일으킬 수 있다.

07 다음은 자연모 레벨의 표이다. 빈칸에 알맞은 것을 고르시오.

	자연모 레벨
10	매우 밝은 금발색
9	아주 밝은 금발색
8	밝은 금발색
7	금발색
6	
5	밝은 갈색
4	
3	어두운 갈색
2	
1	검정색

① 2-밝은 흑색, 4-갈색, 6-밝은 갈색
② 2-아주 어두운 갈색, 4-갈색 6-어두운 금발색
③ 2-밝은 흑색, 4-갈색, 6-아주 중간 갈색
④ 2-어두운 흑갈색, 4-갈색, 6-밝은 갈색
⑤ 2-아주 어두운 갈색, 4-갈색, 6-밝은 갈색

MEMO

08 산화제의 사용범위에 알맞지 않은 것을 고르시오.

① 반영구 염모제 ② 사전탈색 ③ Cleansing
④ Deep Cleansing ⑤ 산화 영구 염모제

09 모발을 탈색시키는 요소는 자연적 요소와 인위적 요소이다. 자연적인 요소와 인위적인 요소에 모두 해당하는 요소로 알맞은 것을 고르시오.

① 태양의 열 ② 수분 ③ 바닷물
④ 산소 ⑤ 바람

10 염모제와 산화제의 혼합비율에 대한 내용으로 알맞은 것을 고르시오.

① 염모제와 산화제의 혼합비율은 때에 따라 조절이 가능하다.
② 산화제의 양이 많으면 탈색력이 더 강해진다.
③ 염모제와 산화제의 혼합비율은 제조사의 혼합비율에 따라 정확한 비율로 사용한다.
④ 산화제의 양이 적어지면 발색력이 더 강해진다.
⑤ 염모제와 산화제의 혼합비율은 결과색상에 영향을 주지 않는다.

11 가장 이상적인 염색으로 알맞지 않은 것을 고르시오.

① 염색의 시술 48시간 전 패치테스트를 한다.
② 선명한 결과색의 표현을 위해 오랜 시간 방치한다.
③ 정확한 색상의 표현이 되어야 한다.
④ 최소한의 손상으로 시술하도록 한다.
⑤ 결과색의 유지력이 길어야 한다.

MEMO

12 염색의 방치시간에 관한 설명으로 알맞은 것을 고르시오.

① 제조사에서 제시하는 방치시간을 기본으로 시술한다.
② 모발의 균일한 컬러를 위하여 오버타임을 한다.
③ 빠른 시술과 편리성을 위해 열처리를 사용해 방치시간을 단축시킨다.
④ 염색의 방치시간을 오버타임 할 경우 유지력은 더 길다.
⑤ 염색의 방치시간이 부족할 경우 유지력이 짧아지는 것일 뿐 결과색상과는 상관 없다.

13 다음 보기를 보고 알맞은 것을 고르시오.

염색 시술이 끝나기 약3~5분전 모발과 두피에 부드럽게 마사지 하는 것을 말한다. 이는 두피와 모발에 남아 있는 염모제의 잔여물을 제거하지 위한 목적으로 시술한다.

① 에멀젼 ② Cleansing ③ 패치테스트
④ 컬러테스트 ⑤ 연연장

14 에멀젼의 시술 효과로 알맞지 않은 것을 고르시오.

① 두피와 모발의 염모제의 잔여물을 제거한다.
② 부드러움과 윤기를 더해 준다.
③ 색소의 정착을 도와준다.
④ 염색의 유지력을 증가시킨다.
⑤ 모발의 재생능력을 증대시켜준다.

15 에멀젼의 시술 방법을 순서대로 나열한 것을 고르시오.

가. 시술 의자에서 길이 부분을 크게 뜨고 길이에서 끝 방향으로 마사지 한다.
나. 전체적으로 돌아가며 반복적으로 시술한다.
다. 조금씩 물을 두르며 두피와 모발의 염모제를 제거한다.
라. 샴푸 실에서 두피에 물을 두르지 않고 먼저 두피 마사지를 한다.

① 가-다-라-나 ② 라-다-나-가 ③ 가-라-다-나
④ 라-다-가-나 ⑤ 가-나-라-다

16 염색의 결과색상으로 알맞은 것을 고르시오.

자연모 레벨: 3 어두운 갈색
산화제: 20vol
도포한 색상: 5.3

① 5.64 ② 5.74 ③ 5.34 ④ 5.3 ⑤ 5.6

17 염색의 결과색상으로 알맞은 것을 고르시오.

자연모 레벨: 2 아주 어두운 갈색
산화제: 30vol
도포한 색상: 8.3

① 7.3 ② 6.64 ③ 8.3 ④ 5.64 ⑤ 6.74

18 염색의 결과색상으로 알맞은 것을 고르시오.

자연모 레벨: 3 어두운 갈색
산화제: 30vol
도포한 색상: 6.66

① 6.66 ② 7.06 ③ 6.46 ④ 9.66 ⑤ 6.4

19 염색의 결과색상으로 알맞은 것을 고르시오.

자연모 레벨: 4 갈색
산화제: 20vol
도포한 색상: 6.35

① 6.45 ② 6.75 ③ 6.35 ④ 6.4 ⑤ 6.56

MEMO

MEMO

20 브러시 각도에 대한 설명으로 알맞은 것을 고르시오.

① 브러시 각도를 90도로 하면 도포량이 많아진다.
② 브러시 각도를 15도로 하면 도포량이 적어진다.
③ 염색의 시술시 모근 쪽으로 갈수록 브러시 각도는 15도로 도포량을 많게 한다.
④ 브러시의 각도를 45도로 하면 15도보다 도포량은 많아진다.
⑤ 염색의 시술시 모근 쪽으로 갈수록 브러시 각도는 90도로 도포량을 적게 한다.

21 암모니아의 특징으로 알맞지 않은 것을 고르시오.

① 탈색의 촉매작용을 한다.
② 암모니아는 탈색제에 함유가 되어 있고, 염모제에는 함유가 되어 있지 않다.
③ 휘발성이 크며 강한 냄새가 있다.
④ 과산화수소수의 촉매제 작용을 한다.
⑤ 약한 알칼리 성분으로 모발을 부풀게 한다.

22 탈색의 설명으로 알맞지 않은 것을 고르시오.

① 탈색제는 공기 중의 수분 또는 물과 접촉할 경우 산소를 방출한다.
② 탈색제는 산화제와 함께 혼합하여 사용한다.
③ 탈색제는 pH가 9.5~10인 알칼리성으로 되어 있다.
④ 탈색제 도포 시 모발의 적당한 수분이 있어야 한다.
⑤ 탈색제 도포 시 두피의 자극이 가지 않도록 한다.

23 탈색제와 염모제의 사용 방법으로 알맞은 것을 고르시오.

① 염모제와 산화제의 혼합은 비율보다 적게 또는 많게 사용할 수 있다.
② 탈색제와 산화제의 혼합이 적을수록 탈색력은 떨어진다.
③ 염모제 도포 후 시술의 편리를 위하여 빗을 사용한다.
④ 탈색의 힘을 올리기 위하여 열처리를 한다.
⑤ 염모제와 산화제의 혼합은 정해져 있는 비율로 사용한다.

24 산화제의 설명에 관한 내용으로 알맞지 않은 것을 고르시오.

① 산화제 6%(20v)는 모발의 밝기를 2레벨 밝게 해준다.
② 산화제는 염모제, 탈색제와 함께 혼합하여 사용한다.
③ 산화제 9%(30v)는 모발의 밝기를 3레벨 밝게 해준다.
④ 산화제 사전탈색과 탈염에는 사용하지 않는다.
⑤ 산화제의 주성분은 과산화수소로 알칼리와 혼합하면 물과 산소로 분해된다.

MEMO

25 **탈색의 정의에 관한 설명으로 알맞은 것을 고르시오.**

① 인위적인 색소 제거 - 사전탈색
② 자연 멜라닌 색소 제거 - Cleansing, Deep Cleansing
③ 자연 멜라닌 색소 제거 - 사전탈색, Cleansing
④ 자연 멜라닌 색소 제거 - 사전탈색
⑤ 인위적인 색소 제거 - Cleansing, Deep Cleansing

26 **탈염의 정의에 관한 설명으로 알맞은 것을 고르시오.**

① 자연 멜라닌 색소 제거 - Cleansing, Deep Cleansing
② 인위적인 색소 제거 - 사전탈색
③ 자연 멜라닌 색소 제거 - 사전탈색
④ 자연 멜라닌 색소 제거 - 사전탈색, Cleansing
⑤ 인위적인 색소 제거 - Cleansing, Deep Cleansing

27 **모발을 구성하고 있는 색소로 알맞은 것을 고르시오.**

① 입자형 멜라닌 색소, 분사형 멜라닌 색소
② 입사형 멜라닌 색소, 분자형 멜라닌 색소
③ 입자형 멜라닌 색소, 분자형 멜라닌 색소
④ 입사형 멜라닌 색소, 분사형 멜라닌 색소
⑤ 정답 없음

28 **입자형 멜라닌 색소의 특징으로 알맞지 않은 것을 고르시오.**

① 입자의 크기는 미세하며 모피질에 고르고 넓게 분포되어 있다.
② 검은색에서 어두운 적색에 이르며 모발의 어두운 색상을 만들어 준다.
③ 입자형 멜라닌 색소의 구성은 파랑, 빨강, 노랑이다.
④ 입자형 멜라닌 색소는 모발을 갈색 계열로 보이게 한다.
⑤ 모발이 산소에 의해 산화가 되면 파랑 → 빨강 → 노랑의 순서로 제거가 된다.

29 **분사형 멜라닌 색소의 특징으로 알맞은 것을 모두 고르시오.**

① 색소의 구성은 파랑, 빨강, 노랑으로 구성되어 있다.
② 색소의 구성은 노랑 또는 빨강의 색상으로 이루어져 있다.
③ 분사형 멜라닌 색소는 갈색의 계열로 보인다.
④ 입자의 크기는 쌀 알갱이의 형태이다.
⑤ 입자의 크기는 미세하며 모피질에 고르고 넓게 분포되어 있다.

MEMO

30 보기에 관한 내용으로 알맞은 것을 고르시오.

모발은 산소에 의하여 멜라닌 색소가 산화되는 과정을 거치게 된다.
이때 제거가 되고 남은 멜라닌 색소가 일정한 밝기와 반사빛을 나타내게 된다.
이것을 일정한 밝기의 기준에 따라 나누어 놓은 것이다.

① 자연모 레벨
② 입자형 멜라닌 색소
③ 분사형 멜라닌 색소
④ 탈색의 원리
⑤ 블리치 레벨

31 (　　) 안에 들어갈 말로 알맞은 것을 고르시오.

모발이 산소에 의해 산화가 되면 먼저 (　　　)가 제거되며 다음으로(　　　) 가 제거된다.

① 분자형 색소 - 입사형 색소
② 입자형 색소 - 분사형 색소
③ 분사형 색소 - 입자형 색소
④ 입자형 색소 - 분자형 색소
⑤ 입사형 색소 - 분사형 색소

32 멜라닌 구성 색상으로 알맞지 않은 것을 모두 고르시오.

① 파랑 ② 보라 ③ 빨강 ④ 노랑 ⑤ 초록

33 멜라닌 색소가 제거되는 순서로 알맞은 것을 고르시오.

① 파랑 - 노랑 - 빨강
② 노랑 - 빨강 - 파랑
③ 빨강 - 파랑 - 노랑
④ 파랑 - 빨강 - 노랑
⑤ 노랑 - 파랑 - 빨강

34 (　　) 안에 들어갈 알맞은 것을 고르시오.

멜라닌 색소는 입자형 멜라닌 색소와 분사형 멜라닌 색소로 구성되어 있다. 입자형 멜라닌 색소는 (　　)계열이며, 분사형 멜라닌 색소는 (　　)또는 (　　) 계열이다.

① 파랑 - 노랑, 빨강 ② 빨강 - 노랑, 갈색
③ 노랑 - 노랑, 검정 ④ 갈색 - 노랑, 빨강
⑤ 초록 - 노랑, 갈색

35 모발의 탈색제 도포 시 주의해야할 점으로 알맞지 않은 것을 모두 고르시오.

① 조건과 상황에 따라서 탈색제와 산화제의 혼합비율이 달라질 수 있다.
② 섹션은 굵게 뜨고, 신속한 시술을 위하여 빗을 사용한다.
③ 탈색의 시술이 끝났을 경우 두피에 자극이 가지 않도록 부드럽게 샴푸해야 한다.
④ 시술의 시간단축과 효율성을 위하여 열처리를 한다.
⑤ 탈색의 시술시 모발의 수분이 남아 있지 않도록 완전히 건조 후 시술해야 한다.

36 다음은 블리치 레벨의 표이다. 빈칸에 알맞은 것을 고르시오.

	탈색모 기여색소
10	
9	밝은 노란색
8	
7	노랑 오렌지색
6	오렌지색
5	
4	붉은색
3	어두운 적색
2	적보라색
1	검정색

① 5-붉은 오렌지색, 8-진한 노란색, 10-흐린 노란색
② 5-오렌지색, 8-밝은 노란색, 10-흐린 노란색
③ 5-붉은 오렌지색, 8-노란색, 10-아주 밝은 노란색
④ 5-붉은 오렌지색, 8-노랑, 10-흐린 노란색
⑤ 5-어두운 오렌지, 8-노랑, 10-흐린 노란색

37 다음 보기를 보고 알맞은 것을 고르시오.

> 모발의 염색을 위해 사용되는 염모제는 사람에 따라 접촉성 피부염, 두피 질환 및 탈모 등의 알레르기반응 검사이므로 반드시 해야 한다.

① 에멀젼 ② 패치테스트 ③ 연연장
④ 컬러매치 ⑤ Cleansing

MEMO

MEMO

38 패치 테스트의 관한 내용으로 알맞지 않은 것을 고르시오.

① 패치 테스트는 염색을 하기 48시간 전 팔의 안쪽이나 귀 뒤쪽에 하는 것이다.
② 도포 부위에 이상 반응이 생기면 씻어내고, 시술은 하지 않도록 한다,
③ 패치 테스트 후 아무런 이상 반응이 생기지 않으면 염색의 시술이 가능하다.
④ 염모제 도포 30분 후, 48시간 후 총 2회 관찰한다.
⑤ 패치 테스트를 할 경우 염모제 1제만 사용하여 실시한다.

주관식

01 염모제가 일시적 염모제, 반영구 염모제, 산화영구 염모제로 나뉘는 기준을 쓰시오.

02 모발을 탈색시키는 자연적인 요소를 쓰시오.

03 아래의 보기는 무엇을 설명하는 것인지 쓰시오.

산화 영구 염색의 결과색상은 탈색 작용에 의하여 만들어진 블리치 레벨과 발색의 과정으로 만들어진 도포한 색상이 합쳐져서 나타나는 것이다.

04 자연모 레벨을 쓰시오.

구분	자연모발 등급 (1차기여 색소)
10	
9	
8	
7	
6	
5	
4	
3	
2	
1	

05 보기를 보고 알맞은 명칭을 쓰시오.

염색 시술이 끝나기 약 3~5분전 모발과 두피에 부드럽게 마사지 하는 것을 말한다. 이는 두피와 모발에 남아 있는 염모제의 잔여물을 제거하지 위한 목적으로 시술한다.

06 아래 보기를 보고 괄호 안에 알맞은 말을 쓰시오.

보통 반영구 염모제는 (   )의 형태로 정착이 되므로 모발의 pH 밸런스의 균형이 매우 필요로 한다.

MEMO

MEMO

07 블리치 레벨을 쓰시오.

구분	탈색모 기여색소
10	
9	
8	
7	
6	
5	
4	
3	
2	
1	

08 멜라닌 색소가 제거되는 순서대로 쓰시오.

09 괄호 안에 알맞은 명칭을 쓰시오.

탈색제의 기본이 되는 화학성분은 (　　), (　　)가 있다.

10 괄호 안에 알맞은 명칭을 쓰시오

(　　)이란 자연모의 멜라닌 색소를 제거하여 모발을 밝게 만드는 것을 말하며, 두발을 밝은 색상으로 염색하기 전 준비하는 과정을 말한다.

11 괄호 안에 알맞은 명칭을 쓰시오.

제 1제(탈색제)와 제 2제(산화제)를 혼합을 하여 사용하게 되는데 이때 pH는 9~10 정도 된다. 알칼리의 작용으로 모표피가 팽윤되어 과산화수소가 모피질 내 침투를 하게 된다. 과산화수소에서 생성된 유리 산소는 모피질내 있는 멜라닌 색소와 산화하여 (　　)이라는 색이 없는 분자 형태로 되어 탈색의 효과를 나타낸다.

12 보기를 보고 알맞은 명칭을 쓰시오.

모발의 염색을 위해 사용되는 염모제는 사람에 따라 접촉성 피부염, 두피 질환 및 탈모 등의 알레르기반응 검사이므로 반드시 해야 한다.

서술형

01 반영구적 염모제의 장점과 단점에 관하여 서술하시오.

02 에멀젼에 대해 설명하고, 시술방법과 효과를 서술하시오.

MEMO

MEMO

03 염색의 결과색상을 설명하고, 하나의 예시를 들어 서술하시오.

04 염색의 방치시간을 정확하게 지켜야 하는 이유에 대하여 서술하시오.

05 산화 염모제에 염모제 1제와 2제의 혼합 비율이 적거나 많을 경우 어떤 결과가 나타나는지에 대하여 서술하시오.

06 탈색의 원리에 관하여 서술하시오.

07 산화제의 과산화수소 농도별 차이에 관하여 서술하시오.

구분 / 농도	발생기 산소 발생 양	영구 염모제 혼합 시 모발 명도의 변화 양

08 탈색제의 사용 시 탈색과 탈염에 관하여 설명하시오.

MEMO

09 블리치 레벨의 정의를 서술하시오.

10 패치 테스트를 해야 하는 이유와 시술 방법에 관하여 설명하시오.

MEMO

해답편 염색 기초이론과 실무

객관식

1	①	2	③	3	②	4	①	5	③
6	④	7	②	8	①	9	④	10	③
11	②	12	①	13	①	14	⑤	15	⑤
16	①	17	④	18	①	19	①	20	⑤
21	②	22	④	23	⑤	24	④	25	④
26	⑤	27	①	28	①	29	②,⑤	30	⑤
31	②	32	②,⑤	33	④	34	④	35	②,④
36	③	37	②	38	⑤				

주관식

1	염모제의 작용이 유지되는 유지력, 각 염모제의 정착되는 부분으로 나뉜다.	2	공기 중의 산소, 태양의 열, 수분
3	염색의 결과색상	5	에멜젼
6	이온 결합(음이온 결합)	8	입자형 멜라닌 색소 - 분사형 멜라닌 색소
9	과산화수소, 알칼리제	10	사전탈색
11	옥시 멜라닌(Oxy-melanin)	12	패치 테스트

4

자연모발 색상	
10	매우 밝은 금발색
9	아주 밝은 금발색
8	밝은 금발색
7	금발색
6	어두운 금밝색
5	밝은 갈색
4	갈색
3	어두운 갈색
2	갈색을 띤 검정색 (아주 어두운 갈색)
1	검정색

7

블리치 레벨(기여색소)	
10	아주 밝은 노란색
9	밝은 노란색
8	노란색
7	노랑 오렌지색
6	오렌지색
5	붉은 오렌지색
4	붉은색
3	어두운 적색
2	적보라색
1	검정색

MEMO

서술형

1

▸ 장점
· 모발의 손상이 거의 없다.
· 탈색과 병행하여 원색적인 색 및 다양한 색상을 나타낼 수 있다.
· 시술시 두피 온도 차에 의한 영향을 받지 않으므로 시술 시간에 대한 제약이 적다.
· 시술한 뒤 약 2~4주가 지나면 모발 본래의 색으로 돌아가기 때문에 신생모의 색상과 차이가 생기지 않는다.
· 본래의 모발 색을 변화시키지 않으면서 윤기를 주 고 다공성 모발의 손상된 부분을 일정 기간 메울 수 있다.

▸ 단점
· 장기간 반복하여 염색할 경우 모발이 뻣뻣해진다.
· 색상의 차이에 의한 명도 이외에 모발의 명도를 높이지 못한다.
· 어두운 모발을 밝고 선명한 색으로 염색하기가 어렵다.
· 피부에 염색제가 묻으면 잘 지워지지 않는다.

MEMO

<table>
<tr><td>2</td><td colspan="3">▶ 에멀젼이란 염색 시술 끝나기 약 3~5분전 모발과 두피에 부드럽게 마사지를 하는 것을 말한다. 이는 두피와 모발에 남아 있는 염모제의 잔여물을 제거하기 위한 목적으로 시술한다.
▶ 시술 효과
· 두피와 모발의 염모제 잔여물 제거
· 색소의 정착을 도와준다.
· 부드러움과 윤기를 더해 준다.
· 유지력을 증가시킨다.
▶ 시술 방법
· 시술 의자에서 길이 부분을 크게 뜨고 길이에서 끝 방향으로 마사지를 한다.
· 전체적으로 돌아가며 반복적으로 시술한다.
· 샴푸 실에서 두피에 물을 두르지 않고 먼저 두피 마사지를 한다.
· 조금씩 물을 두르며 두피와 모발의 염모제를 제거한다.</td></tr>
<tr><td>3</td><td colspan="3">· 산화 영구 염색의 결과색상은 탈색 작용에 의하여 만들어진 블리치 레벨과 발색의 과정으로 만들어진 도포한 색상이 합쳐져서 나타나는 것이다.</td></tr>
<tr><td>4</td><td colspan="3">· 방치 시간은 결과의 색상에 매우 중요한 영향을 미친다. 방치 시간이 부족하면 탈색과 발색이 떨어져 정확한 결과의 색상뿐만 아니라 유지력도 떨어지게 된다. 만일 방치 시간을 오버타임 한다면 색은 탁하고 어두워지는 결과색상을 얻게 된다.</td></tr>
<tr><td>5</td><td colspan="3">· 염색제의 혼합의 비율을 정확히 하는 것은 결과의 색상에 많은 영향을 미친다. 산화제의 양이 많으면 발색력이 떨어져 결과의 색상이 흐리게 나오며, 산화제의 양이 적으면 결과색상이 탁하며 탈색력이 떨어지게 된다. 그러므로 정확한 산화제의 혼합사용이 결과색상을 정확하게 만드는 데 중요하다.</td></tr>
<tr><td>6</td><td colspan="3">· 제1제(탈색제)와 제2제(산화제)를 혼합을 하여 사용하게 되는데 이때 pH는 9~10정도 된다. 알칼리의 작용으로 모표피가 팽윤되어 과산화수소가 모피질 내 침투를 하게 된다. 과산화수소에서 생성된 유리 산소는 모피질내 있는 멜라닌 색소와 산화하여 옥시 멜라닌(Oxy-melanin)이라는 색이 없는 분자 형태로 되어 탈색의 효과를 나타낸다.</td></tr>
<tr><td rowspan="3">7</td><td>3%</td><td>10 volume</td><td>모발을 거의 밝게 하지 못하거나 1레벨 밝게 해준다.</td></tr>
<tr><td>6%</td><td>20 volume</td><td>모발의 밝기를 최고 2레벨 밝게 해준다.</td></tr>
<tr><td>9%</td><td>30 volume</td><td>모발의 밝기를 보통 3레벨 밝게 해준다.</td></tr>
<tr><td>8</td><td colspan="3">· 탈색: 자연 멜라닌 색소의 제거 (자연모)- 사전 탈색(사전 탈색)
· 탈염: 인위적인 색소를 제거 (기염모)- 클린징(Cleansing), 딥클린징(Deep Cleansing)</td></tr>
<tr><td>9</td><td colspan="3">· 블리치 레벨은 모발이 산소에 의하여 멜라닌 색소가 산화되는 과정을 거치게 된다. 이때 제거되고 남은 멜라닌 색소가 일정한 밝기와 반사빛을 나타나게 된다. 이것을 일정한 밝기의 기준에 따라 나누어 놓은 것을 블리치 레벨이라고 하며 이 블리치 레벨은 1단계에서 10단계까지의 등급으로 나누어 말한다.</td></tr>
</table>

10	▸ 패치 테스트는 산화 영구 염색 시술 시 염색 시술 48시간 전 반드시 패치 테스트를 통하여 알레르기 반응 검사를 한다. ▸ 산화 영구 염색의 패치 테스트 방법 · 염색 48시간 전 팔의 안쪽이나 귀의 뒤쪽에 주변을 깨끗이 씻고 물기를 닦아 낸다. · 염모제 제1제와 산화제 제2제를 혼합 비율에 맞추어 혼합한다. · 팔 안쪽 또는 귀 뒤쪽의 피부 부분에 소량을 바른다. · 염모제를 도포 후 30분 후, 48시간 후에 2회 관찰 한다. · 아무런 이상이 없을 시 염색의 시술이 가능하다. · 도포 부위에 이상 반응이 생기면 씻어 내고, 시술은 하지 않도록 한다. · 눈썹이나 속눈썹 등 모발을 제외한 부분에는 사용하지 않는다.
11	· 모근 2cm와 길이에서 길이 끝의 비교 시 모근은 두피의 열이 전달되는 반면, 길이에서 길이 끝은 열이 부족하여 결과의 색이 모근 쪽 약 2cm가 밝게 나오게 된다. 이것은 두피의 열의 전달이 문제가 아니라 길이의 열이 부족하여 발생되는 문제이다. · 먼저 희망색상을 모근 1~1.5cm를 띄우고 길이에서 길이 끝까지 도포 자연 방치 15분(열 보충) 후, 새로이 희망색상을 혼합하여 모근 에서 길이 끝까지 도포하여 자연 방치한다. 방치 시간은 제조사에 따라 달라질 수도 있다.

MEMO

MEMO

학습 문제 염색 기초이론과 실무 실기

※각각의 문제를 풀어 보세요.

1) 고객의 자연모는 2레벨 희망색상은 6.45 자주 구리빛 밝은 갈색이다.

답:

2) 고객의 자연모 4레벨 희망색상은 8.1 잿빛 밝은 황갈색이다.

답:

3) 고객의 자연모 3레벨 희망색상은 6.3 금빛 밝은 갈색이다.

답:

해답편 염색 기초이론과 실무 실기

MEMO

1)	1. 사전탈색 BL 6(오렌지) 레벨업 2. 희망색상 6.45+ 20v- 원터치 도포
2)	1. 사전탈색 BL 10(아주 밝은 노랑) 레벨업 2. 희망색상 8.1+ 20v- 원터치 도포 보통 잿빛 계열은 최소 블리치 레벨 9번(노란색), 10번(흐린 노란색)에서 그 색상을 표현한다.
3)	1. 사전탈색 BL 8(밝은 노랑) 레벨업 2. 희망색상 6.3+ 20v- 원터치 도포 6.3은 명도는 6번의 레벨을 가지고 있으나 컬러 차트의 금빛을 만들어 주기 위해서는 그 반사빛이 잘 표현 될 수 있는 블리치 레벨이 필요 금빛은 블리치 레벨 8(노랑)에서 가장 이상적으로 표현된다.

3강

염색 기법의 실제

학습 개요

고객 스타일 분석과 모발 분석을 통하여 전문적인 염색 기법의 활용을 알아보게 될 것이다. 염모 시술 시 사용되는 염색 기법의 이해, 즉 자연모의 염색의 방법, 재염색 시 색상의 제거와 기염모의 염모제 도포 방법, 기염모에서의 레벨업과 레벨다운, 백모 염색의 활용을 익히며, 이러한 염색 기법을 통하여 고객이 희망하는 다양한 색상의 결과를 만드는 방법을 알아보도록 한다.

주요 용어

제스처 테스트, 스타일 테스트, 일치성, 직연연장, 반연연장, 종연연장, 클린징(Cleansing), 딥 클린징(Deep Cleansing), 필러 색상(Filler), 컬러 매치(Color Match), 프리 피그멘테이션(선착법, Pre-Pigmentation), 사전 연화(Pre Softening)

10 고객상담과 모발진단

학습목표

1. 고객 상담의 중요성과 모발 진단카드를 작성할 수 있다.
2. 고객의 스타일 분석을 할 수 있다.
3. 고객 제스처 테스트와 스타일 테스트를 통한 고객의 니즈를 파악할 수 있다.

MEMO

1. 고객 상담

고객이 희망하는 색상과 현재의 두개피부 상태와 두발 상황을 판단하여 합리적인 염색 시술을 결정한다.

1) 고객상담

① 고객의 모발의 상태를 진단(신생모, 기염모) 비교하여 시술의 방법을 고객에게 설명한다.
② 고객의 의견을 수렴하기 어려운 상황이라면 그에 따른 이유를 설명하고 의견 교환을 통하여 합의점에 도달한다.
③ 염모제를 선정하기 위하여 컬러 차트를 이용하여 희망 색상을 선택한다.
④ 고객의 동의에 의해 상담카드를 작성한다.

2) 고객 상담카드 작성

MEMO

알아두기

헤어컬러리스트 관점에서 스타일을 잘 연출하였다 하여도 고객의 만족도가 떨어진다면 그 후로 그 고객을 다시는 볼 수가 없게 될 것이다. 그러므로 고객의 스타일은 생활적이며 실제적으로 조형할 수 있도록 한다. 고객은 평소 어떻게 스타일을 손질하는가? 에 관심을 가져야 할 것이다. 왜냐하면 고객은 살롱을 다녀온 후 집에서 스타일을 연출한다. 그러나 전문가가 아닌 고객은 평소의 스타일 손질 방법에 따라 손질을 대부분 하게 되므로 손질이 되지 않으면 스타일을 못하는 살롱으로 생각하게 될 것이다.

2. 두발 진단

①은 염색 후 신생모(Virgin Hair)가 자라난 길이를 말한다. 신생모 진단은 두 가지로서 자연모의 레벨과 자라난 길이(cm)를 진단한다.

②와 ③은 이미 염색이 되어있는 부분으로 기염모라고 한다. 이 부분은 자연모 레벨에 따른 밝기(반사빛)를 진단한다.

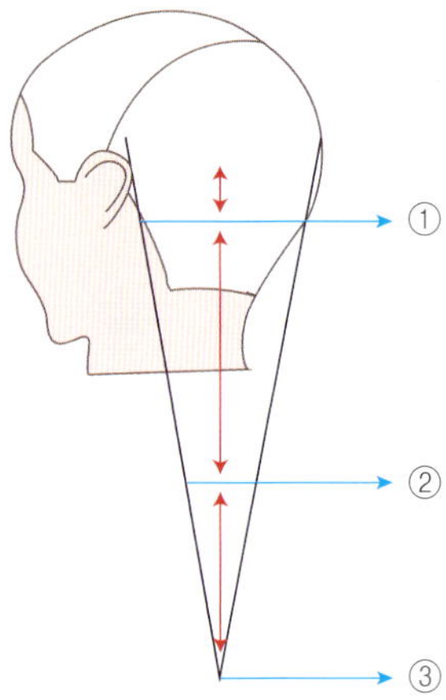

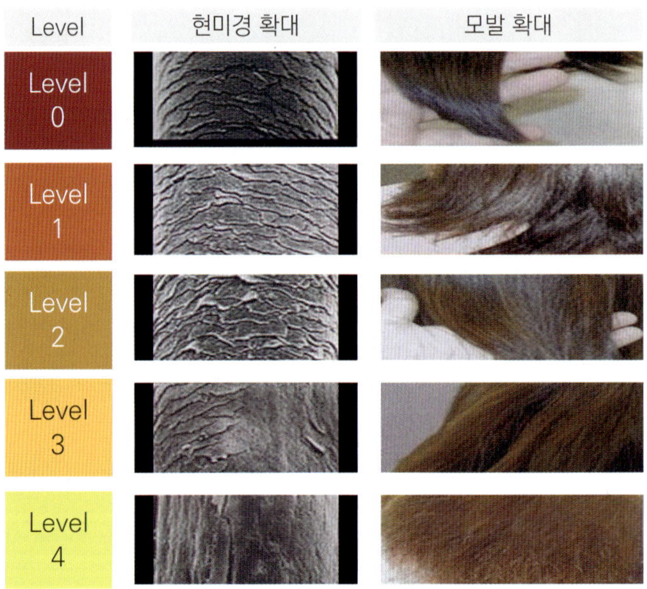

<그림 Ⅲ-1> 모표피의 손상

3. 고객 상담카드 작성

고객과의 상담은 스타일의 만족도를 높이는 데에 있다.

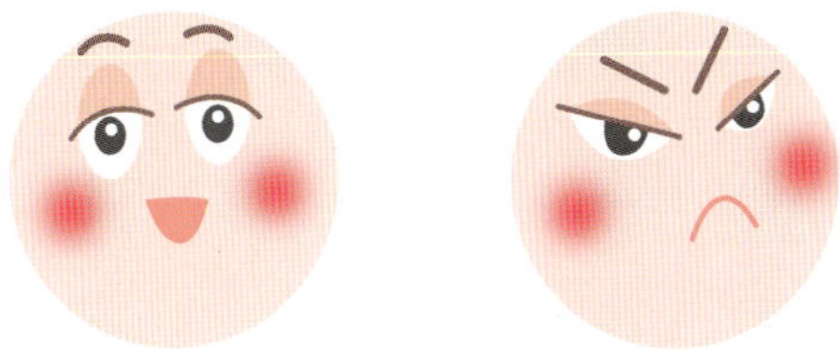

<그림 Ⅲ-2> **고객 만족과 불만족**

1) 고객의 희망(생각)

고객은 살롱으로 방문할 때 3가지의 생각을 가지고 방문하게 된다.

고객의 유형

- \+ 고객 : 꿈, 이상을 가지고 오는 고객
  예) 연예인 사진, 잡지 사진
- \- 고객 : 문제를 가지고 오는 고객
  예) 머리 손질의 문제, 색상 변화
- \+ - 고객 : 꿈, 문제 모두 가지고 오는 고객

<그림 Ⅲ-3> **살롱 방문 시 고객의 희망**

MEMO

MEMO

① 신문 잡지 혹은 매스컴을 통하여 자신이 원하는 새로운 스타일을 찾는 고객

현재의 스타일이 아닌 전혀 다른 새로운 스타일 변화의 꿈을 꾸며 고객은 방문한다.

② 현재의 스타일의 문제

손질의 어려움이나 또는 스타일의 변화는 없지만 전체적으로 정리를 원하여 방문한다.

③ 위의 모두를 희망하여 방문하는 고객

손질하기도 어렵고 무언가 스타일의 변화를 전반적으로 원하여 방문한다. 그러나 이러한 고객에게 어울리는 스타일의 파악 없이 고객의 이야기를 듣고 스타일을 만들어 준다면 과연 어떠한 결과가 나타날까?

2) 제스처 테스트

제스처 테스트는 자신의 표현을 잘 하는 고객이 평소의 손질을 어떻게 하는지를 파악할 때 유용하게 사용할 수 있는 방법이다.

① 고객이 거울을 등지게 하여 앉게 한다.

② 헤어컬러리스트가 두발을 헝클어트린다.

5개 영역(zone) 관찰 - 전발(전두부), 양빈(양측두부), 곡(두정부), 포(후두부)

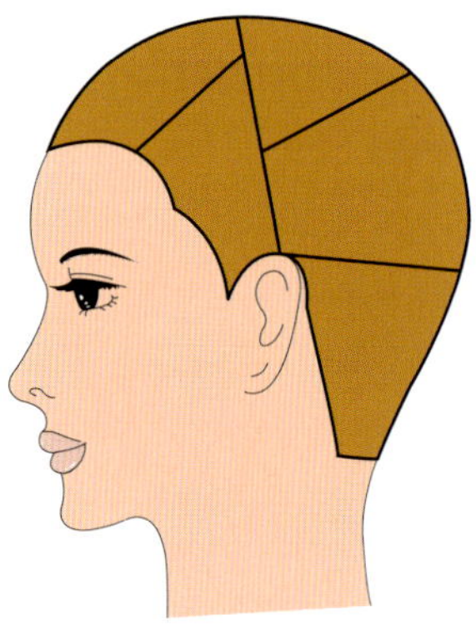

<그림 Ⅲ-4> 두상의 5가지 영역(zone)

③ 고객이 헝클어진 두발을 만질 때 가장 관심 있게 매만지는 부분과 어떻게 손질을 하는지를 관찰한다.

④ 다시 헝클어 놓는다(손바닥을 이용해서 고객이 관심 있는 부분) → 다시 고객이 머리를 만질 때 질문한다.

⑤ 고객이 두발을 만지는 동안 질문을 한다.

· 긍정적 질문: 뭐 하시고 싶은 것 있으세요? 뭐가 좋으세요?

· 답이 안 나올 경우 - 부정적 질문: 어떤 점이 싫으세요?

⑥ 고객에게 영역별로 제안을 한다.

· 두발을 헝클어 틀일 때는 고객에게 미리 이야기를 해야 한다.

· 헤어컬러리스트의 고객이 얼마나 행복해 하는지를 알 수 있을 것이다.

알아두기

일반적으로 미용실에서 가운을 입고, 샴푸를 하고 거울 앞에 앉아서 거울만 쳐다보다가 잡지를 읽는다. 스타일도 색상도 두발을 만지는 것도 헤어컬러리스트가 시작해서 마무리 할 때도 헤어컬러리스트가 보여준다. 결국 그 헤어스타일은 고객의 두부가 아니라 헤어컬러리스트의 머리(Head)이다. 고객이 재방문을 한다는 것은 고객이 원하는 헤어스타일을 해주었기 때문이다.

3) 스타일 테스트

스타일 테스트는 내성적 고객과 다른 스타일의 변화를 희망하는 고객에게 사용하기 유용한 방법이다

① 기본적인 3가지(질문 시에 고객의 눈높이를 맞추어 앉는다)

· 특별히 하고 싶으신 서비스가 있으세요?

· 스타일의 변화를 원하십니까?

· 커트(형태), 펌(볼륨), 컬러 중에 어떤 서비스를 원하세요?

ex) 기본적인 3가지 질문: 고객님 특별히 하고 싶은 스타일이 있으세요?

고객) 네(Yes) → 바로 "커트(형태), 펌(볼륨), 컬러 중에 뭐를 하실 건가요?" 묻는다.

고객) 아니요(No) → 스타일의 변화를 원하십니까?

MEMO

MEMO

Talking hands

유형 진단법〈스타일 테스트〉

① 기다리는 대기 시간을 이용한다.
② 스타일링 잡지(뷰티 잡지)와 빨강. 초록색 핀셋(핀컬핀)을 준비하여 3개씩 준다.
③ 빨강 → 싫어하는 스타일
④ 초록 → 좋아하는 스타일. 비쥬얼에 꼽도록 한다.
⑤ 잡지를 가지고 상담을 시작한다.
　스타일을 보면서 이유를 꼭 묻는다.
⑥ 고객의 요구조건을 고객의 언어를 사용하여 파악한다.
⑦ 시술한다.

알아두기

고객 상담에 요구되는 기호

① 싫어하는 색상	② 좋아하는 색상
③ 즐겨 입는 옷의 색상	④ 즐겨 하는 색조 화장
⑤ 즐겨 하는 액세서리	⑥ 원하는 색상

<그림 Ⅲ-5> **스타일 테스트 단계별 진행**

② 테스트 방법

· 스타일 책 - 형태, 볼륨, 질감이 있는 스타일 북
· 컬러 차트 - 색상
· 핀셋 - 초록 핀셋과 빨강 핀셋 3개씩 2가지 종류를 고객에게 준다.
· 고객으로 하여금 좋아하는 스타일과 싫어하는 스타일을 파악하는 데 중요한 정보가 된다.
· 고객 스스로 시술을 대기하는 시간에 가장 먼저 싫어하는 스타일(싫어하는 색상)은 빨강 핀셋으로 체크를 하게 한다.
· 다음으로 좋아하는 스타일(좋아하는 색상)은 초록 핀셋으로 체크를 하게한다.
· 체크한 것을 확인을 하며 고객에게 질문을 한다.

· 먼저 싫어하는 스타일(싫어하는 색상)을 보며 특별히 싫어하시는 이유는?
· 고객의 이야기를 따라서 이야기를 한다(이것은 고객의 말을 이해를 했다는 표현이다.)
· 다음 좋아하는 스타일(좋아하는 색상)을 보며 특별히 좋아하시는 이유는?
· 고객의 이야기를 따라서 이야기를 한다(이것은 고객의 말을 이해를 했다는 표현이다.)
· 싫어하는 스타일(싫어하는 색상)을 제외하고, 고객이 좋아하는 스타일(좋아하는 색상)을 감안하여 스타일(색상)을 제안한다.

③ 서비스의 제안

① 고객이 원하는 결과를 얻기 위하여 필요한 시간과 전체적인 시술 방법을 설명한다.
② 고객에게 명도와 반사빛, 이미지의 개성과 조화 등을 제안한다.

알아두기

고객의 호기심을 자극함과 동시에 고객은 자연스럽게 당신의 전문성을 알게 될 것이다. 스타일의 새로운 변화에 고객이 익숙하지 않을 수 있다. 그러나 망설이지 말고 완전한 서비스를 위해 당신의 의견을 잘 설명하고 이해시켜야 한다. 그러면 고객은 신중하게 생각을 할 것이고 매우 만족스러운 결과로 살롱을 나가게 될 것이다.

MEMO

MEMO

실습 과제: 고객 상담과 진단 카드 작성 실무 (소요시간: 40분)

· 실습 준비물

모발 진단카드, 볼펜

1) 실습 진행방법

① 2인 1조로 그룹을 나눈다.
② 스타일 테스트와 제스처 테스트 진행요령에 맞게 진행을 한다.
③ 고객상담카드 두 가지의 내용을 상호간 질문하며 작성을 한다.
④ 희망색상의 제안과 시술 방법을 제안을 한다.

2) 실습 평가

구분	평가 내용	평가 결과		
		미흡	보통	우수
지식	- 고객스타일 분석과 고객 상담의 기본 내용을 이해하고 말하였는가?			
기술	- 상담카드의 항목별 진단과 상담은 잘 이루어졌는가?			
태도	- 고객 상담 시 적극적으로 참여하였는가?			

시술 분석 고객 상담 카드

시술자명:

<table>
<tr><td>1</td><td>이름</td><td></td><td rowspan="2">시술 날짜</td><td colspan="4" rowspan="2"></td></tr>
<tr><td>2</td><td>주소</td><td></td></tr>
<tr><td rowspan="2">3</td><td>전화번호</td><td></td><td>펌, 염색 등의 알레르기 상태</td><td colspan="2">유</td><td colspan="2">무</td></tr>
<tr><td>생년월일</td><td></td><td>두피타입</td><td>비듬</td><td>지성</td><td>탈모</td><td>건성</td><td>민감성</td></tr>
<tr><td rowspan="3">4</td><td colspan="8">얼굴형</td></tr>
<tr><td>1(삼각형) □</td><td>2(역삼각형) □</td><td>3(마름모) □</td><td>4(타원형) □</td><td colspan="4">5(사각형) □</td></tr>
<tr><td></td><td></td><td></td><td></td><td colspan="4"></td></tr>
<tr><td rowspan="6">5</td><td colspan="4">모발 진단 및 시술 제안서 (백모 량:)</td><td colspan="4">모발 손상도</td></tr>
<tr><td colspan="4" rowspan="5">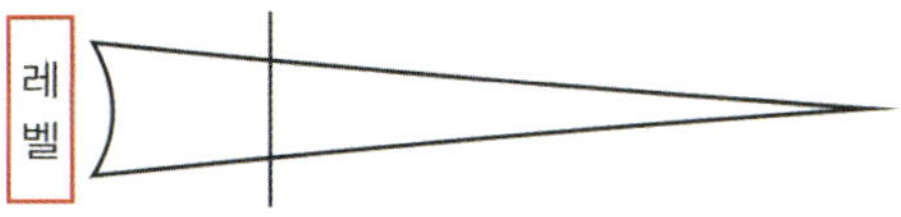

희망색상</td><td colspan="3">데미지 레벨 0</td><td></td></tr>
<tr><td colspan="3">데미지 레벨 1</td><td></td></tr>
<tr><td colspan="3">데미지 레벨 2</td><td></td></tr>
<tr><td colspan="3">데미지 레벨 3</td><td></td></tr>
<tr><td colspan="3">데미지 레벨 4</td><td></td></tr>
<tr><td rowspan="3">6</td><td colspan="8">모발의 길이 모량: 많음■ 보통■ 적음■</td></tr>
<tr><td colspan="2">신생모 길이</td><td colspan="6">전체 모발 길이</td></tr>
<tr><td>① 2Cm</td><td>② 2Cm 이상</td><td>③ 단발선</td><td>④ 어깨선</td><td>⑤ 가슴선</td><td colspan="3">⑥ 가슴선 이상</td></tr>
<tr><td>7</td><td>최근 시술내역 (개월)</td><td>블랙염색</td><td>새치염색</td><td>염색( )</td><td>웨이브</td><td>스트레이트</td><td colspan="2">클리닉</td></tr>
<tr><td rowspan="2">8</td><td colspan="8">시술방법</td></tr>
<tr><td colspan="8"></td></tr>
</table>

<그림 Ⅲ-6> 고객 스타일 테스트 및 상담 카드

컬러 분석 고객 상담 카드

시술자명:

<table>
<tr><td>1</td><td>이름</td><td colspan="2"></td><td colspan="2" rowspan="2">시술 날짜</td><td colspan="5" rowspan="2"></td></tr>
<tr><td>2</td><td>주소</td><td colspan="2"></td></tr>
<tr><td rowspan="4">3</td><td rowspan="2">전화번호</td><td rowspan="2"></td><td colspan="3">펌, 염색 등의 알레르기 상태</td><td colspan="3">유</td><td colspan="2">무</td></tr>
<tr><td colspan="2" rowspan="3">두피타입</td><td>비듬</td><td>지성</td><td>탈모</td><td>건성</td><td>민감성</td></tr>
<tr><td rowspan="2">생년월일</td><td rowspan="2"></td><td rowspan="2"></td><td rowspan="2"></td><td rowspan="2"></td><td rowspan="2"></td><td rowspan="2"></td></tr>
<tr></tr>
<tr><td rowspan="3">4</td><td colspan="10">얼굴형</td></tr>
<tr><td>1(삼각형) □</td><td colspan="2">2(역삼각형) □</td><td colspan="2">3(마름모) □</td><td colspan="3">4(타원형) □</td><td colspan="2">5(사각형) □</td></tr>
<tr><td></td><td colspan="2"></td><td colspan="2"></td><td colspan="3"></td><td colspan="2"></td></tr>
<tr><td rowspan="5">5</td><td colspan="10">스타일 테스트</td></tr>
<tr><td>싫어하는 색상</td><td colspan="9"></td></tr>
<tr><td>싫어하는 이유</td><td colspan="9"></td></tr>
<tr><td>좋아하는 색상</td><td colspan="9"></td></tr>
<tr><td>좋아하는 이유</td><td colspan="9"></td></tr>
<tr><td rowspan="3">6</td><td colspan="10">모량: 많음▣ 보통▣ 적음▣</td></tr>
<tr><td colspan="2">신생모 길이</td><td colspan="8">전체 모발 길이</td></tr>
<tr><td>① 2Cm</td><td>② 2Cm 이상</td><td colspan="2">③ 단발선</td><td colspan="2">④ 어깨선</td><td colspan="2">⑤ 가슴선</td><td colspan="2">⑥ 가슴선 이상</td></tr>
<tr><td>7</td><td>최근 시술내역 (개월)</td><td>블랙염색</td><td>새치염색</td><td>염색( )</td><td colspan="2">웨이브</td><td colspan="2">스트레이트</td><td colspan="2">클리닉</td></tr>
<tr><td rowspan="2">8</td><td colspan="10">시술방법</td></tr>
<tr><td colspan="10"></td></tr>
</table>

<그림 Ⅲ-7> 고객 컬러분석 상담 카트

스타일 분석 고객 상담 카드 시술자명:

1	이름			시술 날짜			
2	주소						
3	전화번호		펌, 염색 등의 알레르기 상태	유		무	
	생년월일		두피타입	비듬	지성	탈모	건성 / 민감성
4	얼굴형						
	1(삼각형) □	2(역삼각형) □	3(마름모) □	4(타원형) □	5(사각형) □		
5	제스처 테스트				중요한 존 체크		
	존(Zone)별 특이 사항	중요한 부분:			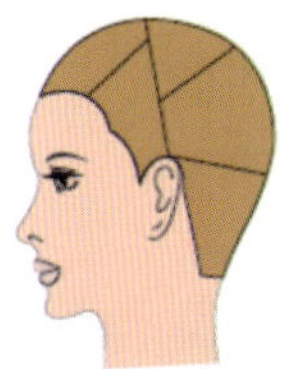		
	싫어하는 스타일						
	좋아하는 스타일						
6	모발의 길이			모량: 많음■	보통■	적음■	
	뿌리 염색		전체 염색				
	① 2Cm	② 2Cm 이상	③ 단발선	④ 어깨선	⑤ 가슴선	⑥ 가슴선 이상	
7	최근 시술내역 (개월)	블랙염색	새치염색	염색( )	웨이브	스트레이트	클리닉
8	시술방법						

<그림 Ⅲ-8> 고객 스타일 테스트 상담 카트

MEMO

11 자연모의 염색(버진헤어)

학습목표

1. 버진헤어 염색의 정의를 말할 수 있다.
2. 버진헤어에서 염색 시술시 나타나는 문제점을 설명할 수 있다.
3. 버진헤어 염색 시술을 할 수 있다.

1. 버진헤어 염색의 정의

(1) 버진헤어는 화학적 시술을 전혀 하지 않은 모발을 의미한다.

· 버진헤어의 모표피 층을 열어주어 산화 염색제의 색상이 쉽게 침투될 수 있도록 사진연화처리(사전염색) 한다.
· 원터치 시 모근이 모간 쪽보다 밝아 보일 수 있다.
· 버진헤어는 긴 두발(20cm 이상), 짧은 두발(20cm 이하)로 구분하여 시술된다.

(2) 염모제 도포 시 모질의 상태에 따라 사전연화 작업과 함께 길이에 따라 투 터치(Two Touch) 기법을 사용한다.

(3) 버진헤어 상태의 재염색

· 신생부(버진헤어)와 기염부 염색 방법으로서 두발길이를 확인해야 한다.
· 사전 탈색 후 곧바로 염색제를 도포하는 기술이다.

2. 자연모 도포법의 정의

자연모란 화학적 시술을 전혀 하지 않은 모발을 의미하며 이런 경우 염모제의 도포 시에 모질의 상태에 따라 사전 연화 작업이 필요하며, 길이에 따라 투 터치(two touch) 기법을 사용한다.

알아두기

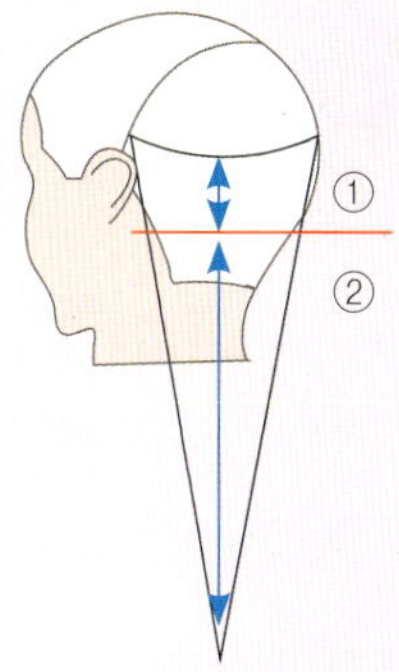

- ①번과 ②번의 도포 순서에 따라 염착력에 따른 진행속도를 조절할 수 있다. ①은 두개피부로부터 열이 발생되는 반면, ②는 열이 전달되지 않는 모간부위이다. 따라서 ②에 염색제를 먼저 도포(열 보충)한 후 ①번과 ②번에 다시 한번 염색제를 도포한다.
- 모근으로부터 1~ 2cm 이하의 길이 : 체온의 영향으로 정상적인 염색 진행 속도가 이루어진다.
- 2cm ~20cm 내외의 길이 : 체온의 영향을 받지 않아 염색 진행 속도 및 염착력이 ①보다 느리다.
- 염색제 도포 후 방치시간은 제조사에 따라 달라질 수 있다.

MEMO

1) 버진헤어 도포 방법

먼저 희망 색상을 모근 1~1.5cm를 띄우고 길이에서 길이 끝까지 도포 자연 방치 15분(열 보충) 후, 새로이 희망 색상을 혼합하여 모근에서 길이 끝까지 도포하여 자연 방치한다. 방치 시간은 제조사에 따라 달라질 수도 있다.

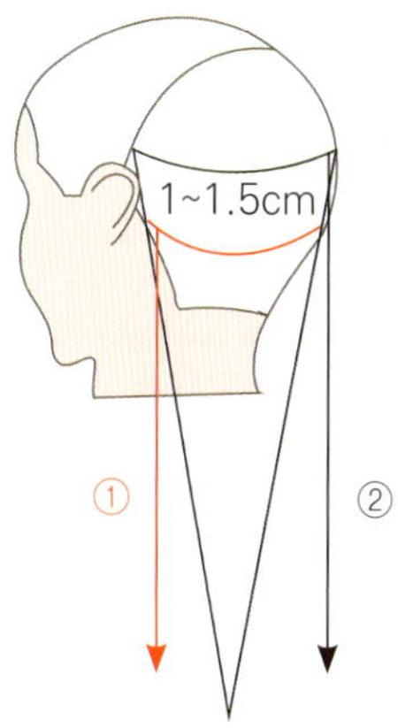

<그림 Ⅲ-9> **자연모 도포 방법**

① 짧은 두발(20cm 이하)

두발 길이를 2등분으로 구분하여 도포 순서를 ②,①로 한다.

- 두개피부로부터 1.5 ~ 2cm 띄운 후 모간 쪽부터 먼저 도포한다.
- 10 ~ 15분 정도 자연 방치한다.
- 모근 쪽 도포와 함께 모간 끝까지 연장 도포한다.
- 20 ~ 30분간 자연방치
- 총 30 ~ 45분간 방치된다.

② 긴 두발(20cm 이상)

- 모간 끝 쪽부터 먼저 도포한다.
- 10 ~ 15분간 방치한다.
- 모근과 모간 끝 쪽을 제외한 중간 모간에서 모간 끝까지 도포한다.

MEMO

· 10 ~ 15분간 방치한다.
· 모근 쪽 도포와 함께 모간 끝까지 연장 도포한다.
· 20 ~ 30분간 방치한다.
· 총 40 ~ 60분간 방치된다.

③ 경모(저항모) - 사전염색

사전염색은 자연모발 상태에서 염모제를 도포하기 전에 부족한 열을 보충하는 기술로서 사전연화(Presoftening)처리 방법이다.

· 염모제 도포 전에 제2제인 산화제를 먼저 두발에 도포한다.
· 팽윤, 연화과정으로 두발을 부드럽게 하기위해 10 ~ 15분간 자연 방치한다.
· 가볍게 샴푸(산성 샴푸제 사용)한다.
· 헤어드라이어로 건조시킨다.
· 모근에서 모간 끝까지 원터치로 염색제(1제+2제)를 도포한다.
· 25 ~ 30분간 자연 방치한다.

알아두기

· 자연모 염색 시 살롱의 다양한 응용 방법

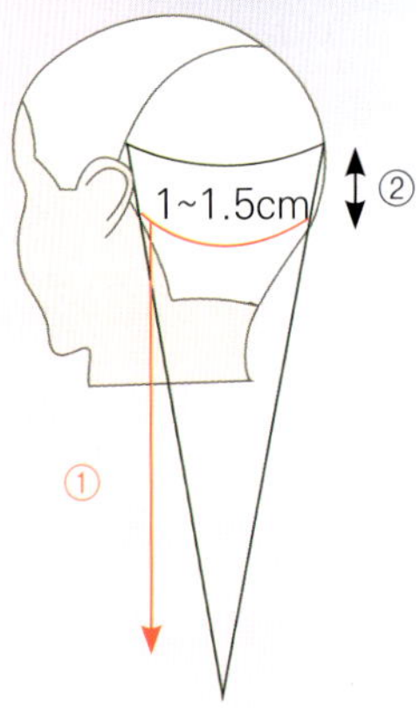

<그림 Ⅲ-10> **응용 방법의 예시 1**

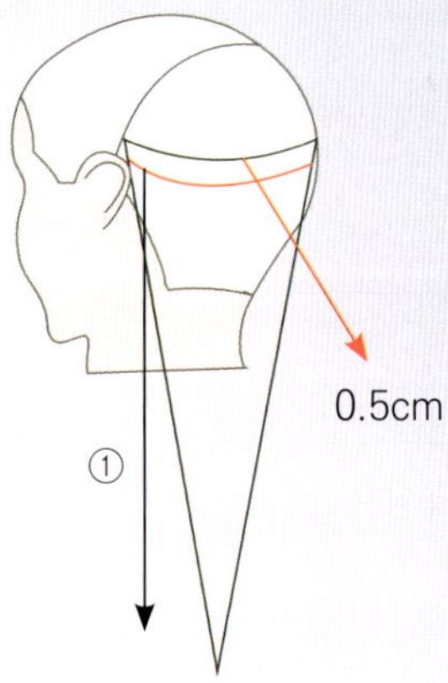

<그림 Ⅲ-11> **응용 방법의 예시 2**

(1) 응용 방법의 예시 1

②번의 밝은 명도를 ①번에 맞추어 활용하기도 한다. 즉 모근 1~1.5cm를 띄우고 ①부분 모근에서 길이 끝까지 도포 10~ 15분 자연 방치 남은 염모제를 ②부분 모근에 도포 일정한 시간을 본 뒤에 모근과 길이의 균일성을 확인 후 샴푸한다.

(2) 응용 방법의 예시 2

모근으로부터 0.5cm를 띄우고 모간의 길이 끝까지 도포한 후 30분~ 35분 자연 방치 후 샴푸한다. ①부분 모근을 띄우고 염모제를 도포하여 두개피부의 열이 전달되는 것을 방지하므로 균일성이 있는 결과색을 만든다.

2) 버진헤어 컬러 체인지 염모제 도포 실습절차

① 시술 방법의 예시 1

현재 모발의 밝기는 4레벨의 자연모이며, 원하는 색상은 6.45일 경우이다.

· 희망색상 6.45 + 산화제20v(6%) 혼합한다.
· 1~1.5cm 띄우고 길이 끝까지 도포 자연 방치 15분한다.
· 다시 희망색상 6.45+산화제20v(6%)를 혼합한다.
· 모근에서 길이 끝까지 원터치 도포한다.
· 자연 방치 30~35분한다.

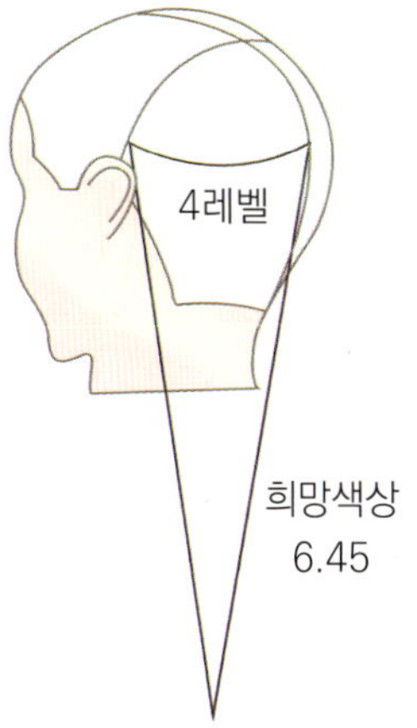

<그림 Ⅲ-12> 시술 방법의 예시 1

② 시술 방법의 예시 2

희망색상이 자연 모발 색상보다 어두운 자연모일 경우 - 현재 모발의 밝기는 3레벨의 자연모이며, 희망색상은 블루 블랙일 경우이다.

· 희망색상 블루 블랙 + 산화제(6%) 혼합한다.
· 모근에서 길이 끝까지 원터치 도포한다.
· 자연 방치(30~35분)한다.

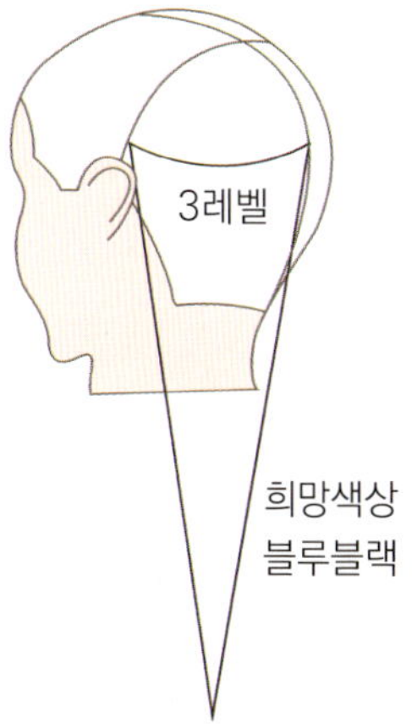

<그림 Ⅲ-13> 시술 방법의 예시 2

③ 시술 방법의 예시 3

희망색상이 자연 모발의 밝기보다 3단계 밝은 색상을 희망할 경우 - 현재 자연모의 밝기가 3레벨의 자연모이며, 희망색상이 6.45일 경우이다.

· 희망색상 6.45 + 산화제(9%) 혼합한다.
· 모근 1~1.5cm 띄우고 모간 끝까지 도포한다.
· 자연 방치 15분한다.
· 다시 희망색상 6.45 + 산화제(9%) 혼합한다.
· 모근에서 모간 끝까지 원터치 도포한다.
· 자연 방치(30~35분)한다.

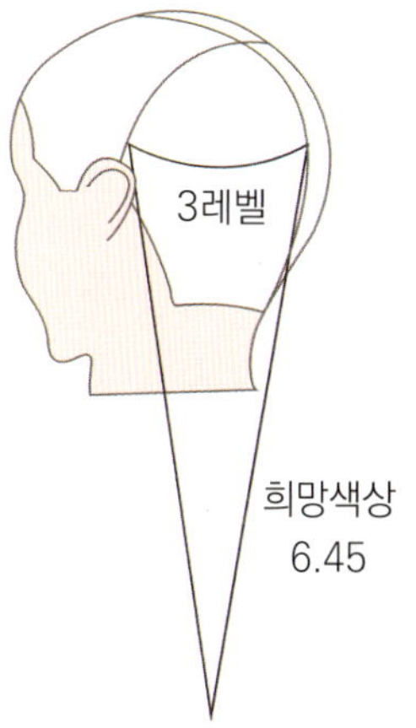

<그림 Ⅲ-14> 시술 방법의 예시 3

MEMO

MEMO

④ 시술 방법의 예시 4

희망색상이 자연 모발보다 4단계 이상 밝은 색상을 희망하는 경우 - 사전 사전 탈색 후 희망 색상을 원터치, 현재 자연 모발의 밝기가 3레벨의 자연모이며, 희망색상은 8.3일 경우이다.

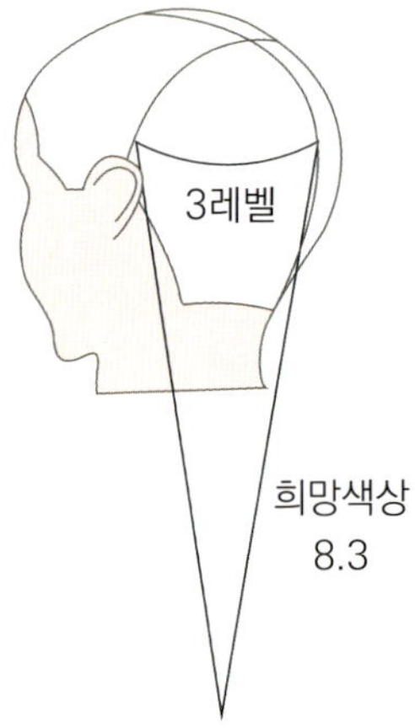

<그림 Ⅲ-15> **시술 방법의 예시 4**

- 탈색제 1 : 산화제 2~3 혼합한다.
- 탈색제 도포 - 이때 탈색제의 도포는 모간 끝에서 모간, 모근 순으로 도포하는 것이 균일성 있게 명도를 만들 수 있다
- 원하는 블리치 레벨 8번(노랑)이 나왔을 경우 두개피부에 자극이 가지 않도록 깨끗하게 샴푸한다.
- 찬바람을 이용하여 모발을 건조한다.
- 희망색상(8.3) + 산화제(6%) 혼합한다.
- 모근에서 모간 끝까지 원터치 도포한다.
- 자연 방치(30~ 35분)한다.

3) 버진헤어 도포의 활용 예시

먼저 희망색상을 모근 1~1.5cm를 띄우고 모간 끝까지 도포후 자연 방치 15분한다. 새로이 희망색상을 혼합하여 모근에서 모간 끝까지 도포하여 자연 방치 30분한다.

<표 Ⅲ-1> **모발 시술 시 고려 사항**

구분	시술시 고려 사항	시술 방법
모발의 질감	· 저항성모인 경우 염모제의 흡수가 느리다.	사전 연화
희망색과 현재 모발의 명도 차이	· 희망색이 현 모발 색상보다 어둡다. (백모커버)	원 터치
	· 희망색이 3단계 이하로 밝다	· 2단계 차이- 6% 2제 사용 · 3단계 차이- 9% 2제 사용
	· 희망색이 4단계 이상 밝다	사전 탈색 후 본 염색 시술
모발의 길이	· 20cm 이하 - 모근에서 2cm까지는 체온의 영향으로 다른 부분에 비해 정확히 염색이 진행된다.	자연모 도포
	· 20cm 이상 - 모발 끝으로 갈수록 큐티클 층이 단단해져서 염색이 잘되지 않는다.	자연모 도포

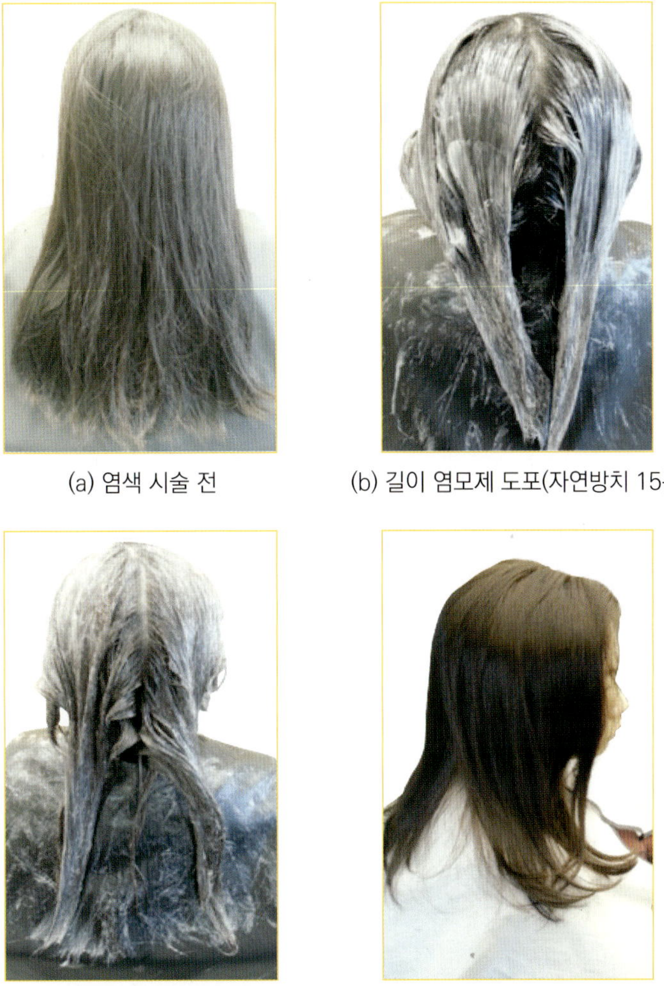

(a) 염색 시술 전

(b) 길이 염모제 도포(자연방치 15분)

(c) 모근에서 길이 끝까지 전체 도포

(d) 자연모 도포 시술 결과 사진

<그림 Ⅲ-16> **살롱에서의 자연모 도포방법 활용**

MEMO

알아두기

스타일 연출 시 주의사항

염색 직후의 블로 드라이어 또는 아이롱과 같은 도구를 사용 시 과도한 열의 사용은 모발의 손상과 컬러 색상의 퇴색을 만들 수 있으므로 주의하여야 한다. 또한 열로부터 보호할 수 있는 제품을 사용 후 스타일 연출을 하는 것이 올바른 시술방법이다.

MEMO

12 재염색의 기법(Recolorization)

학습목표

1. 재염색 시 동일한 명도에서 일치성 유무를 판단할 수 있다.
2. 재염색 시 연연장의 기법을 활용할 수 있다.
3. 재염색 시 일치성이 없는 반사빛의 제거인 지우기(Cleansing)기법을 활용할 수 있다.
4. 재염색의 레벨업에는 닦아내기(Deep Cleansing)기법을 활용할 수 있다.
5. 재염색 시 레벨 다운에는 컬러매치와 프리 피그멘테이션의 방법을 활용할 수 있다.

1. 재염색의 일치성

염색 후 새로 자란 두발(신생모)과 염색된 기염모에 동일하게 명도를 맞추는 염색과정을 재염색이라 말한다.

기염모(기존에 염색한 모발)의 밝기와 희망색상의 밝기가 동일한 경우, 재염색 시술 시에 고려해야 하는 것은 색상의 일치성이다. 왜냐하면 기염모에 기존 시술한 색상이 남아 있는 상황에서 희망색상 시술 시 남아 있는 색상과 재염색 색상이 겹쳐서 다른 색상으로 나타날 수 있기 때문이다. 그러므로 명도의 변화가 없는 상황에서 색상의 일치성 여부를 시술 전에 꼭 확인하고 재염색을 계획하여야 한다.

알아두기

아래의 [표 Ⅲ-2]는 재염색 시 색상의 일치성을 확인하기 위한 예시이다. 색상의 일치성 유무를 확인하기 위해서는 남아 있는 반사빛을 색도화지라고 생각하고, 그 위에 희망색상의 반영구 염모제를 바를 경우, 희망하는 결과로 매니큐어의 색상이 잘 나타나는가를 살펴보면 쉽게 판단할 수 있다. 즉, 일치성이란 기염모의 레벨과 희망색상의 레벨이 동일한 상황에서 기염모의 남아있는 반사빛에 희망하는 반사빛이 겹쳐졌을 때 희망색상이 결과로 표현되는지의 유무를 판단하는 것이다.

<표 Ⅲ-2> **색상의 일치성**

	남아있는 반사 빛	희망하는 색상	색상의 일치성 유무
1			
2			
3			
4			
5			
6			
7			
8			
9			
10			

1) 일치성의 판단

재염색 시 색상의 일치성 유무를 확인하기 위해서는 남아 있는 반사빛을 색도화지라고 생각하고, 그 위에 희망색상(반영구염모제)을 오버랩(Under Coating)함으로서 결과를 판단할 수 있다.

MEMO

MEMO

2) 연연장의 기법

기염부에 도포하는 방법으로 손상을 최소화하고 신생모와 기염모의 결과색상을 정확히 연결하는 방법이다.

연연장이란 신생부에 염모제를 우선 도포한 후 남은 염모제에 온수(90~95℃)를 섞어서 기염부에 바르는 것을 말한다. 연연장 시술 시에 고려해야 하는 것은 기염부의 퇴색 정도인데, 퇴색 정도에 따라 기염부에 도포시기를 다르게 시술한다. 연연장 기법을 사용하여 동일한 색상으로 재염색 시 색상의 겹침으로 탁해지는 것을 방지하고 신생부와 기염부의 결과를 동일하게 만들어줄 수 있다.

<표 Ⅲ-3> **연연장의 종류와 시술 계획**

구분	기염모 퇴색정도	기염모 도포시기	방치시간
직연연장	퇴색이 많다	신생모 도포 직후 도포	자연방치 30~ 35분
반연연장	중간 정도 퇴색	신생모 도포 15~ 20분 후	자연방치 20~15분
종연연장	퇴색이 거의 없음	신생모 도포 30분	자연방치 5분

알아두기

신생모는 레벨업이 필요하지만 기염모는 이미 염색이 되어 있던 부분이므로 불필요한 탈색의 힘이 작용하여 모발의 손상을 준다. 이것을 최소화하기 위하여 신생모를 도포하고 남은 염모제에 비례하여 온수를 혼합하여 시술한다.

온수의 효과

- 암모니아를 날려줌으로써 탈색의 힘을 떨어뜨린다.
- 과산화를 막는다.
- 손상도를 줄여준다.

① 직연연장(퇴색이 많을 때)

· 신생부(①번): 희망 염모제(1제) + 산화제(6%) = 혼합 도포한다.
· 기염부(②번): 남은 염모제 + 온수(10~15cc)를 혼합한 후 = 도포한다.
· 방치 시간: 30~ 35분 자연 방치한다.

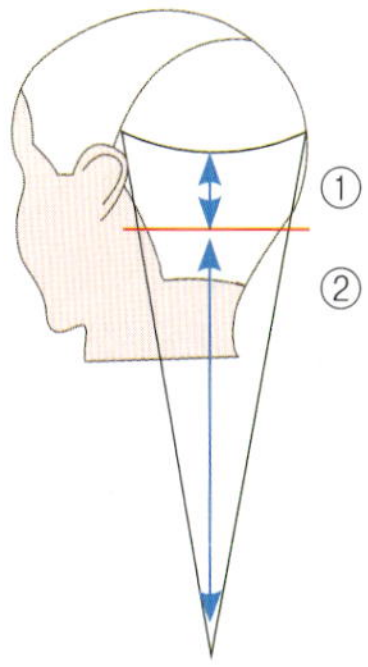

<그림 Ⅲ-17> 직연연장의 예시

② 반연연장(퇴색 정도가 중간일 때)

· 신생부(①번): 희망 염모제(1제) + 산화제(6%)를 혼합 후 도포한다.
· 방치 시간: 15~ 20분 자연 방치한다.
· 기염부(②번): 남은 염모제(1제+2제) + 온수(10~15cc) 도포한다.
· 방치 시간: 20~15분 자연 방치한다.

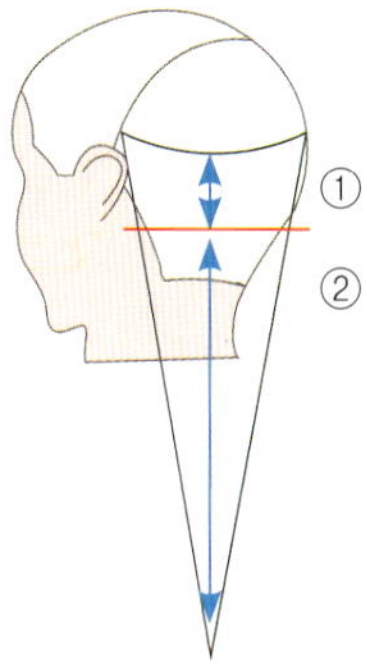

<그림 Ⅲ-18> 반 연연장의 예시

③ 종연연장(퇴색이 적을 때)

종연연장은 에멜젼으로 대체하여 시술하기도 한다.
· 신생부(①번): 희망 염모제(1제+2제) + 산화제(6%) 혼합한 후 도포한다.
· 방치시간: 30분 자연방치한다.
· 기염부(②번): 남은 염모제(1제+2제) + 온수(10~15cc) 혼합한 후 도포한다.
· 방치시간: 5분 자연방치한다.

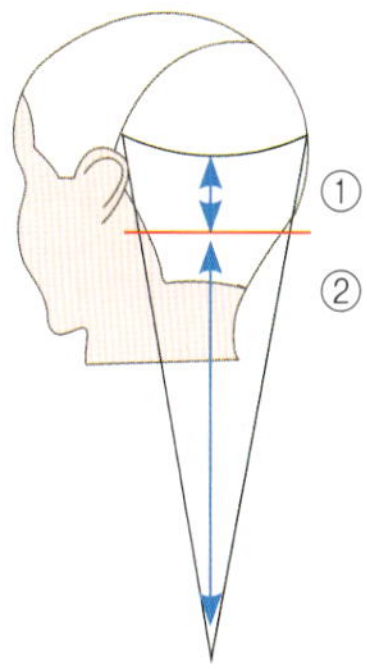

<그림 Ⅲ-19> 종 연연장의 예시

MEMO

MEMO

> **알아두기**
>
> 신생모 부분에 희망색상을 표현하기 위하여 30v(9%) 산화제를 사용하였다면 기염모의 연연장 시술 시 그 남은 염모제를 사용하는 것이 아니라 새로이 20v(6%) 산화제로 혼합하여 온수를 혼합 연연장 하여야 한다.

3) 지우기기법(Cleansing)

재염색 시 희망색상이 기염부의 색상과 일치성이 없는 경우 기염모의 색상(반사빛)을 제거하는 방법을 말한다.

반사빛의 재거로 얼굴과 손상을 최소화 할 수 있다.

- 일치성이 없는 반사빛의 제거(Cleansing) : 탈색제 + 산화제20V(6%) + 온수 + 샴푸 = (40g : 40ml : 40cc : 40ml)로 혼합하여 희망색의 도포는 직연연장 한다.
- 탈색제(1제) + 산화제(6%) + 온수 + 샴푸 = 1 : 1 : 1 : 1 혼합한다.
- 기염부 도포: 슬라이스하여 도포하며, 도포량은 충분하게 하며 빠르게 도포한다.
- 5~20분까지 부드럽게 마사지를 한다.
- 샴푸 시 탈색제의 잔여물이 남지 않도록 깨끗하게 자극없이 샴푸한다.
- 희망색상 도포는 직연연장 방법을 한다.

> **알아두기**
>
> 샴푸는 마사지 시 거품제로 인하여 마찰에 의한 손상을 줄이기 위하여 사용되며, 클린징 시 포함된 탈색제로 인하여 시술하는 시간을 20분 이상 넘길 경우 모발이 탈색될 가능성 있기 때문에 시술 시간을 주의해야 한다

2. 재염색의 레벨업과 레벨 다운기법

1) 재염색의 레벨업 기법(Deep Cleansing)

① 반사빛의 제거로 얼굴과 손상을 최소화 할 수 있다.

· 일치성이 없는 반사빛의 제거(Cleansing) 후 : 탈색제 + 산화제20V(6%) + 온수 + 샴푸 = (1 : 1 : 1 : 1)로 혼합하여 사용한다.
· 탈색이 잘 되지 않는 부분적인 탈색(Deep Cleansing)일 경우 : 탈색제 + 산화제(1 : 23) 혼합하여 부드럽게 마사지 후 원하는 레벨이 나오면 가볍게 샴푸를 한다.

② 기염모에 인위적인 색소의 제거와 레벨업을 위한 목적으로 사용하며, 항상 클린징과 딥 클린징을 필수로 시술한다.

· 클린징을 필수로 시술해야 한다.
· 딥 클린징: 탈색제 1 + 산화제(2~3)혼합하여 사용한다.
· 기염부 : 슬라이스 한 후 도포량은 충분히, 빠르게 도포한다.
· 희망색상의 블리치 레벨이 나올 때까지 부드럽게 마사지를 한다.
· 샴푸: 탈색제의 잔여물이 남지 않도록 깨끗하게 자극없이 샴푸한다.
· 희망색상 도포는 직연연장 방법을 한다.

MEMO

MEMO

알아두기

살롱 시술의 예시

신생모 길이 8cm, 명도(3레벨), 기염모의 블리치 레벨(5~ 6.5) 전체적으로 있으며, 고객이 희망하는 색상이다.

· 기염부: 클린징 후 딥 클린징(블리치 레벨 7) 한다.
· 신생부: 사전탈색 7레벨로 만들어 준다.
· 신생부: 희망 염색제(7.43)+ 산화제(6%)을 혼합한 후 원터치 도포한다.
· 기염부: 남은 염모제(1제+2제)+ 온수(10~15cc)혼합 후 직연연장 도포한다.

시술 전 사진

→

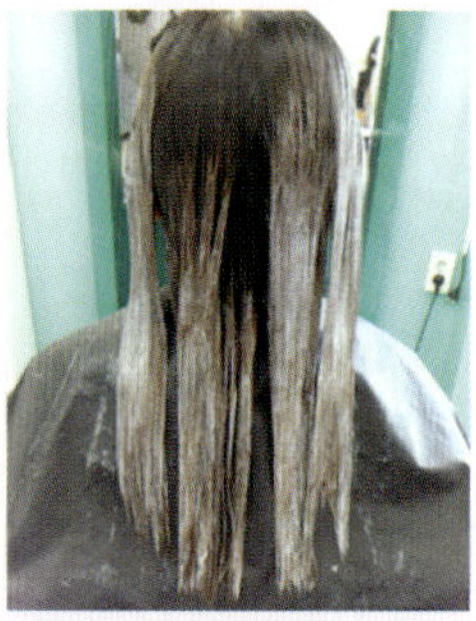
클린징과 딥 클린징 시술

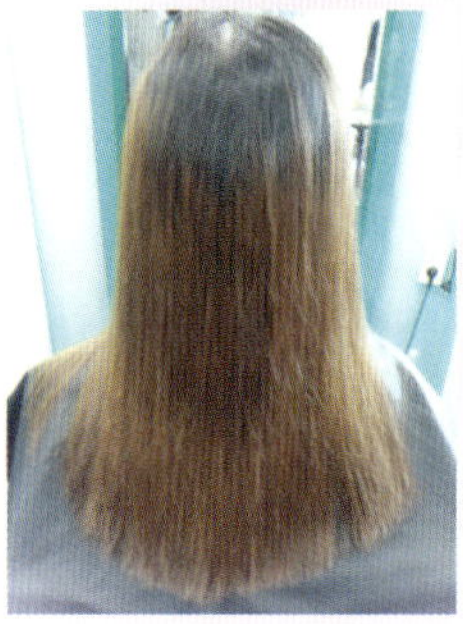
클린징과 딥 클린징 시술 후

→

희망색상 시술 결과

<그림 Ⅲ-20> **고객 시술의 예**

딥 클린징 시술 전 클린징을 필수로 시술하는 이유는 인위적인 색소가 있는 기염모는 색상이 겹쳐 있는 정도, 손상 정도에 따라 인위적인 색소의 제거 정도가 각기 다르기 때문이다. 그러므로 균일한 결과를 만들기 위하여 필수로 시술한다. 또한 탈색제의 사용에 있어서도 약한 작용 후 강한 탈색제의 작업 시술 시에 모발의 손상 정도를 덜하게 만들 수 있다.

2) 재염색의 레벨 다운

재염색의 레벨 다운은 시술 전 모발의 조건에 따라 컬러 매치 또는 프리피그멘테이션 방법으로 시술할 수 있다.

· 컬러 매치: 모발의 손상이 없고 희망색이 기염모보다 2레벨 미만 어두워질 경우 시술방법이다.

· 프리 피그멘테이션(선착법, Pre-Pigmentation): 모발 손상이 있으며 희망색이 기염모 보다 3레벨 이상 어두워질 경우 시술방법이다.

> **알아두기**
>
> 일반적으로 기염모가 밝은 상태에서 그보다 어두운 색상을 시술 시 정확한 결과색상을 얻을 수가 없게 된다. 이유는 모든 결과색상은 블리치 레벨과 희망색상이 오버랩됨으로써 결과를 얻게 되는데 이미 블리치 레벨은 제거되었기 때문이다.

(1) 필러 색상(Filler)

필러 색상이란 보충색이라 하며, 이미 제거된 멜라닌 색소를 보충하여 동일한 결과색상을 얻기 위해 제거된 블리치 레벨을 보충하여 주는 색상을 말한다. 필러의 사용은 명도의 차이보다 우선하는 것은 모발의 손상도이다.

컬러 매치시 필러의 혼합에서 3~5cm는 크림의 길이를 의미하며, 프리 피그멘테이션에서 필러와 온수의 혼합은 젤 타입으로 혼합하여 깎아 바르듯 소량을 도포한다.

필러 색상은 일반적으로 블리치 레벨의 색상과 유사한 색상으로 구성되나 명도를 조절 할 수 있게 할 목적으로 염색제품에서 기본 색상을 주로 사용한다.

MEMO

MEMO

알아두기

필러 색상은 재조사 마다 조금씩 다를 수 있으므로 블리치 레벨을 넘버링으로 전환한 것을 필러 색상으로 사용하며 실무에서 필러 색상 사용 시 그와 유사한 것을 활용하면 된다. 그러나 이는 제조사 마다 차이가 조금씩 있으므로 사용하는 제품의 사용 설명서나 시술법을 참조하여 선택하여야 한다.

예시)
로레알의 필러 색상
4- 4.56, 5- 5.64, 5.5, 6- 6.45, 7- 7.43, 8- 8.3(블리치 레벨과 유사)
웰라의 필러 색상
5/00, 6/00, 7/00, 8/00, 9/00 (명도조절 목적) 네이쳐 컨트롤의 색상(기본색상)을 활용할 수 있다.

<표 Ⅲ-4> 제조사마다의 필러 색상 조사표

	블리치 레벨	블리치 레벨 (넘버링)	휠러 색상	
10	아주밝은 노랑	10.03		
9	밝은 노랑	9.3		
8	노랑	8.3		
7	노랑 오렌지	7.43		
6	오렌지	6.4		
5	붉은 오렌지	5.64		
4	빨강	4.6		
3	빨강			
2	적 보라			
1	검정			

① 컬러 매치(Color Match)

정상모로서 손상이 없고 희망색상이 기염모보다 2레벨 미만 어두워질 경우 시술방법이다.

· 원하는 염색제(1제) + 산화제(6%)를 혼합하여 신생모에 도포한다.

· 남은염모제(1제+2제) + 온수(10~15cc)를 혼합하여 필러색상(3~5cm)으로 기염모에 직연 연장한다.

· 25 ~ 35분 자연방치한다.

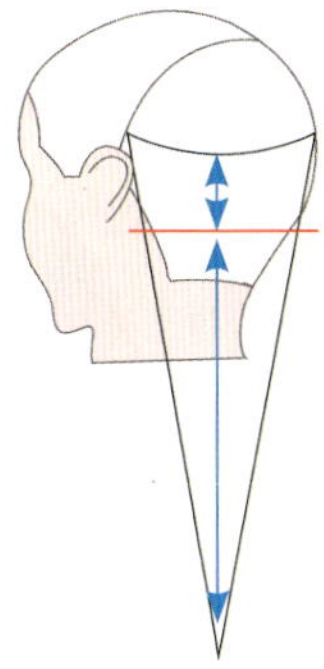

<그림 Ⅲ-21> **컬러 매치 시술방법**

② 프리 피그멘테이션(선착법, Pre -Pigmentation)

선착법이라고도 하며, 재염색 시 손상이 우려되는 민감한 모발로서 희망색이 기염부보다 3레벨 이상 어두워질 경우 또는 부분적으로 하이라이팅을 3레벨 이상 차이나는 탈색모를 본래의 모발색(신생모)과 맞추고 싶을 때 그 부분에 색소를 더 넣어(필러)주기 위한 방법이다.

희망 염색제(1제)를 산화제와 혼합하여 신생모에 도포한다. 단 신생모가 2cm 미만일 경우는 원터치로 바르고 2cm이상일 경우, 자연모 도포 방법으로 도포한다. 그리고 남은 염모제에 온수(10~ 15cc)를 혼합하여 기염모 부분을 직연 연장한다.

이는 제조사 마다 조금씩 다를 수 있다. 블리치 레벨을 넘버링으로 전환하였을 때 기여되는 색소(반사빛)가 필러이다.

시술 방법 : 염색제 (1제)

· ②에 필러 + 온수를 혼합하여 기염모에 도포한다.

· ①에 희망 염색제(1제) + 산화제(6%)를 혼합하여 신생모에 도포한다.

· ②에 남은 염모제(1제 + 2제) + 온수(10~15cc)를 혼합하여 직연연장한다.

· 25 ~ 35분 자연방치한다.

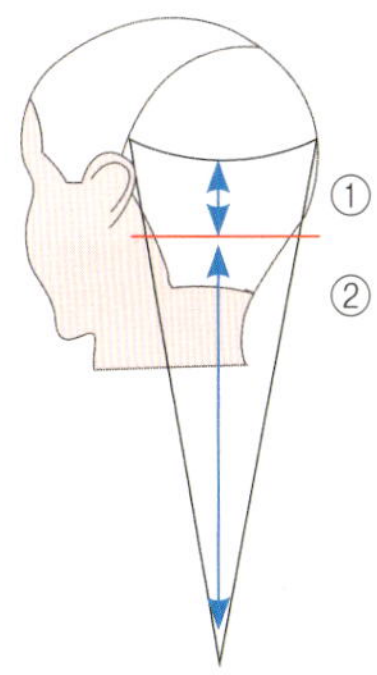

<그림 Ⅲ-22>

프리 피그멘테이션 시술 방법

MEMO

MEMO

실습 과제: 컬러 체인지 (소요시간 3시간)

· 실습 준비물

마네킹(15cm 길이) 1개, 염색 브러시, 염색 볼 1개, 희망색상(8/34) 1개, 필러(8/00) 1개, 산화제 20v(6%) 960ml 1개, 탈색제 500g 1개, 타월, 블로 드라이어, 라운드 브러시, 염색용 장갑

1) 실습 진행방법

① 로레알 (4번) 또는 웰라(6/0)로 염모된 위그를 4등분한다.

② 블로킹 후 지정된 시술을 한다.

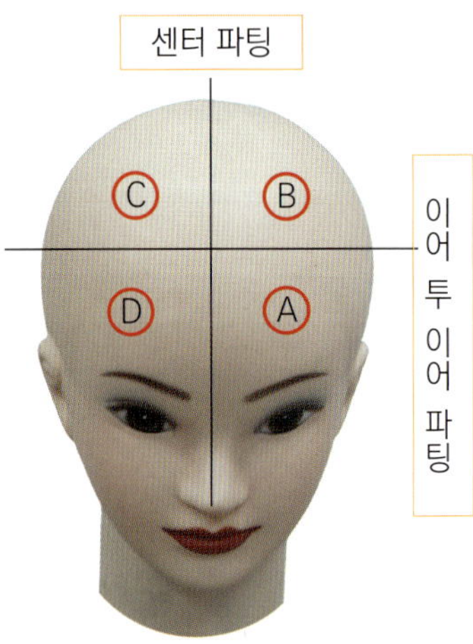

Ⓐ 1. Cleansing

Ⓑ 1. Cleansing
2. Deep Cleansing BL6(오렌지)
3. 직연연장

Ⓒ 1. Cleansing
2. Deep Cleansing BL8(노랑)
3. P.P(filter 8/00 + 온수 + 산화제) - 도포
4. 직연연장

Ⓓ 1. Cleansing
2. Deep Cleansing BL7(노랑 오렌지)
3. 직연연장

<그림 Ⅲ-23> 실습의 예시

③ 전체(A, B, C, D)를 클린징한다.

1. Cleansing

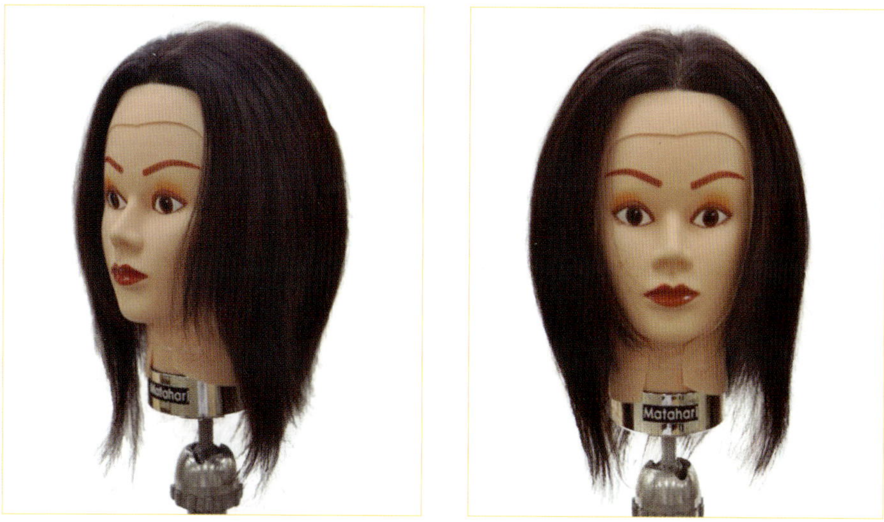

Cleansing 후 결과 사진

MEMO

MEMO

④ 다음(C, D)를 딥 클린징하여 블리치 7~ 8레벨까지 올린다.

2. C.D. Deep Cleansing BL7(노랑 오렌지)

⑤ 위그(B)를 딥 클린징하여 블리치 6레벨까지 올린다.

3. B : Deep Cleansing BL6(오렌지)

⑥ 다음(C) 부분에 필러 8/00+ 온수+ 산화제(2: 1: 1)로 혼합하여 소량을 도포 한다.

Deep Cleansing 후 결과 사진

⑦ 희망색상 8/34와 산화제를 혼합(B, C, D) 도포하여 결과를 만든다.

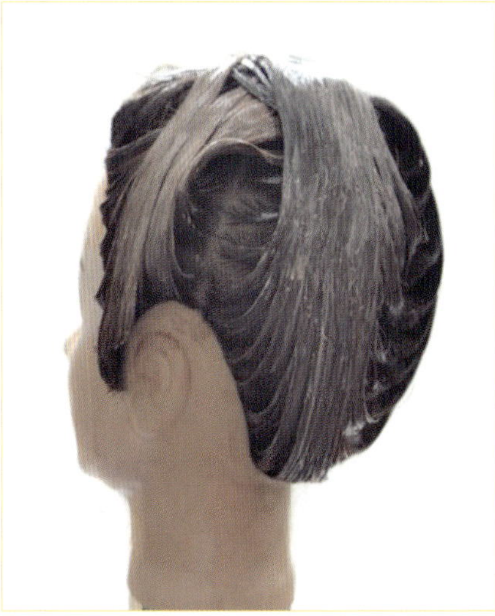
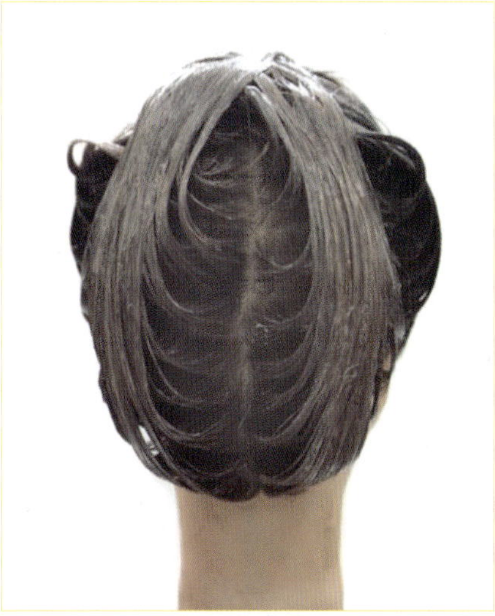

4. C : P. P(filter 8/00 + 온수 + 산화제) - 도포
5. A~D : 희망색상(8/34) + 산화제 + 온수 - 직연연장

MEMO

MEMO

2) 시술 결과 및 체크 포인트

① 시술결과물

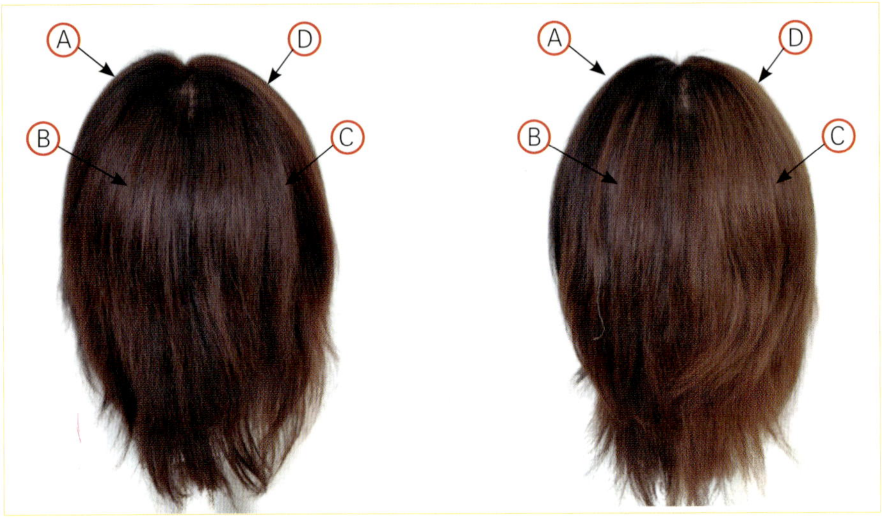

(a) 정확한 시술의 결과 (b) 잘못된 시술의 결과

<그림 Ⅲ-24> **가발에 실습 결과 사진**

② 시술결과 체크 포인트

· A 부분은 인위적인 색소만을 제거한 결과이다.

· B 부분은 정확한 블리치 레벨에서 시술한 결과로 C, D의 비교를 하게 되는 부분이다.

· C 부분은 블리치 레벨을 더 올렸지만, 필러를 사용하여 제거된 블리치 레벨을 보충하였으므로 B와 비교 시 결과가 [그림Ⅲ-24]의 (a)정확한 시술의 결과와 같이 나오게 된다. 잘못된 결과는 [그림Ⅲ-24]의 (b) 잘못된 시술의 결과와 같이 B와 C가 다른 결과를 얻게 된다.

④ D 부분은 더 밝아져 있는 상태에서의 시술 결과로 B와 비교 시 결과색상이 다른 결과를 얻게 된다.

3) 실습 평가

구분	평가 내용	평가 결과		
		미흡	보통	우수
지식	- 클린징과 딥클린징의 기법을 알고 있는가? - 컬러매치와 프리피그멘테이션 기법을 알고 있는가? - 연연장 도포 기법을 하는 이유와 방법에 관하여 알고 있는가?			
기술	- 컬러 체인지에서 중요한 블리치 레벨을 정확하게 시술하였는가? - 클린징과 딥클린징 시술을 정확하게 진행하였는가? - 프리피그멘테이션 시술을 정확하게 시술하였는가? - 연연장 도포 시술을 정확하게 시술하였는가? - 그림 Ⅲ-24의 시술 체크 포인트와 같이 시술 하였는가?			
태도	- 실습의 준비는 잘 준비되었는가? - 실습의 참여 자세와 진행과정은 잘 진행 되었는가? - 주변 정리는 잘되었는가?			

MEMO

MEMO

13 백모 염색

학습목표

1. 백모의 특징에 관하여 설명할 수 있다.
2. 백모 염색의 시술 방법에 따른 결과물을 설명할 수 있다.
3. 사전 탈색의 방법을 설명할 수 있다.

1. 백모의 이해

백모는 저항모로서 차가운 색조를 띠고 있다. 백모 염색 시에는 전발 또는 발제선에 주의를 기울여야 한다.

1) 백모염색

백모 염색 시 백모의 저항성을 떨어뜨리기 위하여 사전 연화 또는 커버력을 높이기 위하여 기본 색을 혼합하는 프리 피그멘테이션을 한다. 방치 시간은 5분~10분 정도 추가하여 시술할 수 있다.

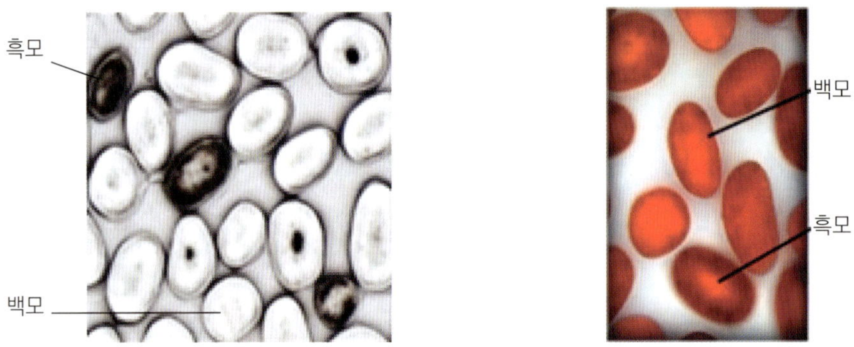

(a) 백모 커버 전 (b) 백모커버 후

<그림 Ⅲ-25> **백모 커버 전과 후의 비교**

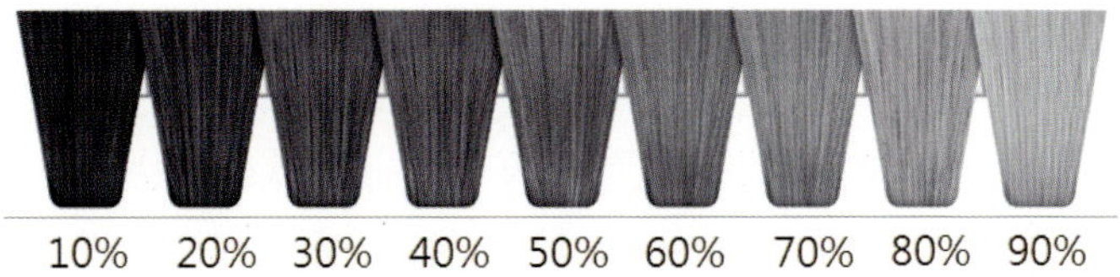

<그림 Ⅲ-26> **백모 량 스케일**

알아두기

사전 연화처리

사전 연화 또는 사전 탈색이라고 하며, 이 방법은 백모의 저항성 또는 자연모의 부족한 열을 보충하기 위하여 사용되는 기법이다.

시술 방법

① 산화제 준비
② 도포: 모발에 산화제를 도포
③ 건조: 5분~10분 블로 드라이어로 건조
④ 희망색상 + 산화제(6%) 원터치 도포
⑤ 방치시간: 40~ 45분 자연방치

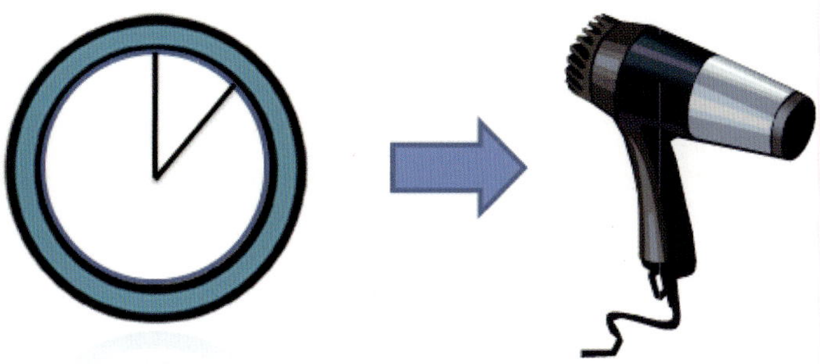

<그림 Ⅲ-27> **사전 탈색**

일반적으로 사용하는 산화제는 사전 탈색을 시술하기에 부적합하다. 산화제에 첨가된 소프트닝 왁스는 모발의 부드러움과 윤기를 보완하므로 건조가 되지 않는 현상이 발생된다. 사전 탈색에 적합한 산화제는 우리가 상처가 났을 때 사용하는 소독약과 비슷한 액상 타입으로 시술 시 좋은 결과를 얻을 수 있다.

MEMO

MEMO

2) 백모 커버의 시술 방법

결과색상 선정 시 기본색상과 희망색을 백모의 양에 따라 적당량 혼합한다.

① 백모의 양을 파악한다.

· 50% 이상 백모일 경우 원하는 결과색상보다 1단계 어두운 색상을 처방한다.
· 기본 색조의 비율은 백모량 만큼 혼합한다.

② 사전연화는 모발상태에 따라 선택한다.

· 저항모로서의 백모는 염모제를 도포하기 전에 전처리를 한다.

③ 백모가 많이 밀집된 곳부터 원터치로 도포한다.

· 발제선 부분과 백모가 많은 부분을 먼저 도포 후 염모제의 양으로 조절한다.

④ 방치시간은 약 40~45분 정도로 일반모보다 오래 둔다.

· 작용시간과 도포양은 충분히 한다.

<표 Ⅲ-5> **백모 시술 조건과 방법**

<table>
<tr><th colspan="2">모발 조건</th><th colspan="2">시술 방법</th></tr>
<tr><td colspan="2">모발의 저항성이 크다</td><td colspan="2">사전 연화</td></tr>
<tr><td colspan="2">멜라닌 색소가 없다</td><td colspan="2">프리 피그멘테이션</td></tr>
<tr><td rowspan="3">백모의 양</td><td>30%</td><td rowspan="3">기본 색상과 희망색상의 혼합</td><td>기본 색상+ 희망색상 (1:3)</td></tr>
<tr><td>50%</td><td>기본 색상+ 희망색상 (1:1)</td></tr>
<tr><td>70%</td><td>기본 색상+ 희망색상 (3:1)</td></tr>
</table>

3) 백모 염색하기

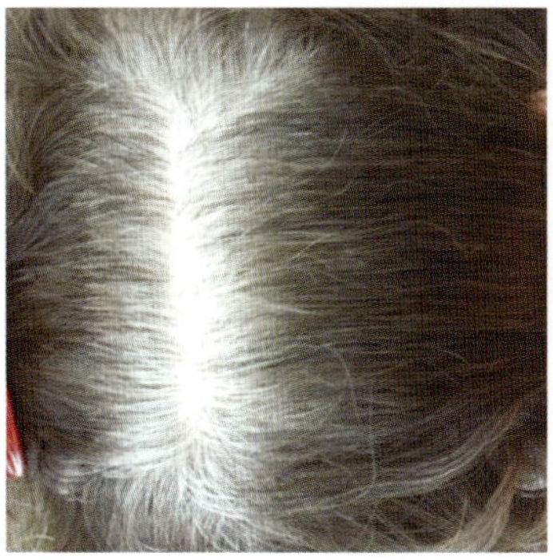

(a) 백모 커버 시술 전

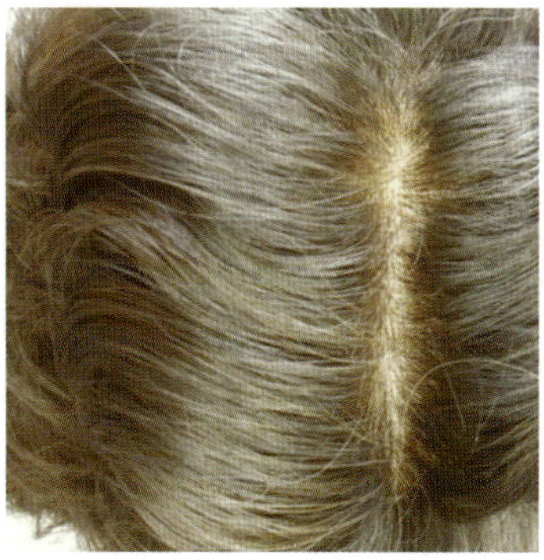

(b) 백모 커버 시술 후

<그림 Ⅲ-28> **백모 커버 시술의 예**

예시

신생모 - 길이 2cm, 명도 - 3레벨, 백모 량 90%, 기염모 3레벨의 기본색상이다. 희망색상은 5.04(자연스러운 구리 빛에 중간 갈색)를 원하는 경우이다.

진단

① 기염모 손상이 작다.
② 기염모 3레벨로 희망 명도보다 어둡다 - 딥 클린징 한다.
③ 백모 90%로 커버력을 높이기 위하여 기본색상 5(중간 갈색)을 3:1로 혼합한다.

시술

① 기염부: 클린징, 딥 클린징(사전 탈색제)한다.
② 신생부: 희망색상 5.04 + 기본색상 5(1:3)혼합한 후 신생모에 도포한다.
③ 기염부: 남은 염모제 + 온수 혼합한 후 직연연장으로 도포한다.

알아두기

백모 염색에서의 문제는 백모와 자연모의 시술결과에서 대비되는 차이라 할 것이다. 사용 색상이 7번 기본색상 어두운 금발색(황갈색)이라 할 때 백모는 7번의 어두운 금색(황금빛)의 결과를 얻게 되는 반면, 자연모에서는 명도는 5번(중간 갈색)과 블리치 레벨에 의하여 주황색의 반사빛을 얻게 된다. 결과색상이 차이가 있으므로 백모가 자연모의 시술 결과와 동일한 결과를 얻게 함으로써 커버력을 높일 수가 있다.

MEMO

MEMO

학습정리

1. 제스처 테스트는 자신의 표현을 잘하시는 고객과 평소의 손질을 어떻게 하는지를 파악할 때 유용하게 사용할 수 있는 방법이다.
2. 스타일 테스트는 내성적 고객과 다른 스타일의 변화를 희망하는 고객에게 사용하기 유용한 방법이다
3. 재염색이란, 염색 후 새로 자란 두발(신생모)을 새로이 염색을 하거나. 기존 염색된 두발(기염모)에 염색 시술을 하는 것을 말한다.
4. 일치성이란 기염모의 레벨과 희망색상의 레벨이 동일한 상황에서 기염모의 남아있는 반사빛에 희망하는 반사빛이 겹쳐졌을 때 희망색상이 결과로 표현되는지의 유무를 판단하는 것이다.
5. 연연장이란, 신생모에 염색제를 도포한 후 남은 염모제과 온수를 섞어서 기염모에 바르는 것을 말한다.
6. 클린징(Cleansing)기법은 재염색 시 희망색상이 기염부의 색상과 일치성이 없는 경우 기염모의 색상을 제거하는 방법을 말한다.
7. 딥 클린징기법은 기염모에 인위적인 색소의 제거와 레벨업을 위한 목적으로 사용하며, 항상 딥 클린징시 클린징을 필수로 시술한다.
8. 필러 색상이란 보충색이라 하며, 이미 제거된 멜라닌 색소를 보충하여 동일한 결과색상을 얻기 위해 제거된 블리치 레벨을 보충하여 주는 색상을 말한다.
9. 컬러 매치는 기염모 손상이 거의 없고 희망색상이 기염모보다 2레벨 미만 어두워질 경우 시술하는 방법이다.
10. 기염모의 손상이 있으며 희망색상과 비교 3레벨 이상 어두워질 경우에 시술하는 방법이다. 단 레벨의 차이가 2레벨 미만으로 어두워져도 기염부의 손상이 있을 시 프리 피그멘테이션 기법을 사용한다.

학습 문제 염색 기법의 실제

MEMO

객관식

01 다음 보기를 보고 알맞은 것을 고르시오.

> 모발의 염색을 위해 사용되는 염모제는 사람에 따라 접촉성 피부염, 두피 질환 및 탈모 등의 알레르기반응 검사이므로 반드시 해야 한다.

① 에멀젼　② 패치 테스트　③ 연연장
④ 컬러매치　⑤ Cleansing

02 패치 테스트의 관한 내용으로 알맞지 않은 것을 고르시오.

① 패치 테스트는 염색을 하기 48시간 전 팔의 안쪽이나 귀 뒤쪽에 하는 것이다.
② 도포 부위에 이상 반응이 생기면 씻어내고, 시술은 하지 않도록 한다,
③ 패치 테스트 후 아무런 이상 반응이 생기지 않으면 염색의 시술이 가능하다.
④ 염모제 도포 30분 후, 48시간 후 총 2회 관찰한다.
⑤ 패치 테스트를 할 경우 염모제 1제만 사용하여 실시한다.

03 고객의 모발진단에서 들어갈 내용으로 알맞지 않은 것을 고르시오.

① 고객의 개인적인 취향
② 고객의 자연모 레벨
③ 신생모의 길이
④ 백모의 비율과 모발의 손상정도
⑤ 기염모의 블리치 레벨과 반사빛

MEMO

04 다음 보기를 보고 알맞은 것을 고르시오.

희망색상을 혼합하여 1~1.5cm 띄우고 길이에서 길이 끝까지 도포 자연 방치 15분 후, 새로이 희망색상을 혼합하여 모근부터 길이 끝까지 도포하여 자연방치한다(제조사에서 명시한 방치 시간).

① Cleansing　② 자연모 도포법　③ 직연연장
④ 신생모 도포법　⑤ 원터치

05 다음 보기를 보고 일치성이 있는 것을 고르시오.

번호	모발색상	희망색상
1	.1	.2
2	.3	.6
3	.6	.4
4	.1	.7
5	.2	.3
6	.4	.6
7	.7	.3
8	.5	.6
9	.5	.4
10	.3	.4
11	.4	.5
12	.1	.4

① 1, 2, 4, 5, 6, 8, 10, 11, 12　② 3, 7, 9, 10, 11, 12
③ 2, 4, 6, 11,　④ 2, 6, 8, 10, 11
⑤ 2, 4, 5, 7, 9, 12

06 연연장의 종류와 설명에 관한 내용으로 알맞은 것을 고르시오.

① 연연장이란 신생모에 염색을 도포한 후 남은 약액과 온수를 섞어 기염부에 바르는 것을 말한다.
② 직연연장은 퇴색이 적을 때 사용하는 기법이다.
③ 반연연장은 퇴색이 없을 때 사용하는 기법이다.
④ 종연연장은 퇴색이 많을 때 사용하는 기법이다.
⑤ 연연장 시술 시 기염모의 손상정도에 따라 시술한다.

MEMO

07 연연장 시술 시 온수의 효과로 알맞지 않은 것을 고르시오.

① 암모니아를 날려줌으로 탈색의 힘을 떨어뜨린다.
② 모발의 재생능력을 극대화 시켜준다.
③ 과산화를 막는다.
④ 재염색시 색상의 겹침으로 탁해지는 것을 방지한다.
⑤ 손상 도를 줄여준다.

08 Cleansing의 관한 설명으로 알맞은 것을 모두 고르시오.

① Cleansing 시술 시 슬라이스는 크게하고 도포량은 충분히 빠르게 도포한다.
② Cleansing 시술의 시간은 20분 이상 시술해야 반사빛의 제거가 가능하다.
③재염색 시 희망색상이 기염모의 색상과 일치성이 없는 경우 반사빛을 제거하는 방법을 말 한다.
④ 기염모의 레벨업을 목적으로 시술하는 방법을 말한다.
⑤ Cleansing의 시술은 탈색제+산화제+온수+샴푸(1:1:1:1) 혼합하여 사용한다.

09 Deep Cleansing의 관한 설명으로 알맞지 않은 것을 고르시오.

① 효율적인 시술을 위해 열처리를 한다.
② 기염모에 인위적인 색소의 제거와 레벨업을 위한 목적으로 사용한다.
③ Deep Cleansing 시술 전 Cleansing 시술을 필수로 한다.
④ Deep Cleansing의 시술은 탈색제+산화제(1:2~3) 혼합하여 사용한다.
⑤Deep Cleansing 시술 후 샴푸는 두피에 자극을 주지 않도록 주의하며 탈색제의 잔여물이 남지 않도록 깨끗하게 샴푸한다.

10 다음 보기를 보고 알맞은 것을 고르시오.

보충색이라고도 하며, 이미 제거된 멜라닌 색소를 보충하여 동일한 결과색상을 얻기 위해 제거된 블리치 레벨을 보충하여 주는 색상을 말한다.

① 2차 색상　② 기본 색상　③ 희망색상
④ 중화 색상　⑤ 필러 색상

MEMO

11 **필러 색상을 사용하는 이유로 알맞지 않은 것을 고르시오.**

① 정확한 레벨 다운을 위하여 필러 색상을 사용한다.
② 모발의 손상 도를 줄이기 위하여 필러 색상을 사용한다.
③ 제거된 멜라닌 색소를 보충하기 위해 사용한다.
④ 유지력을 증가시키기 위해 사용한다.
⑤ 필러 색상은 블리치 레벨과 유사한 색상으로 구성된다.

12 **컬러 매치의 관한 설명으로 알맞은 것을 모두 고르시오.**

① 모발 손상이 없을 때 시술한다.
② 희망색이 기염모의 색보다 1~2레벨 어두워 질 때 시술한다.
③ 모발 손상이 있을 때 시술한다.
④ 희망색이 기염모의 색보다 3레벨 이상 어두워 질 때 시술한다.
⑤ 희망색이 기염모의 색보다 밝을 때 시술한다.

13 **프리 피그멘테이션의 관한 설명으로 알맞은 것을 모두 고르시오.**

① 희망색이 기염모의 색보다 밝을 때 시술한다.
② 모발 손상이 있을 때 시술한다.
③ 희망색이 기염모의 색보다 3레벨 이상 어두워 질 때 시술한다.
④ 모발 손상이 없을 때 시술한다.
⑤ 희망색이 기염모의 색보다 1~2레벨 어두워 질 때 시술한다.

14 **백모의 관한 설명으로 알맞지 않은 것을 고르시오.**

① 백모는 멜라닌 색소가 없는 모발이다.
② 커버력을 높이기 위하여 방치시간을 5~10분 오버타임을 두기도 한다.
③ 백모 염색 시 저항성을 떨어뜨리기 위하여 사전 연화기법을 사용한다.
④ 커버력을 높이기 위하여 산화제의 혼합 량을 줄인다.
⑤ 백모는 저항성이 강한 것이 특징이다.

15 **사전 연화를 하는 목적으로 알맞은 것을 고르시오.**

① 기염모의 레벨업을 위해서 사용한다.
② 인위적인 색소를 제거하기 위해서 사용한다.
③ 모발의 손상도를 줄이기 위해서 사용한다.
④ 재염색 시 색상의 겹침으로 탁해지는 것을 방지하기 위해서 사용한다.
⑤ 백모의 저항성 또는 자연모의 부족한 열을 보충하기 위해서 사용한다.

주관식

MEMO

01 보기를 보고 알맞은 도포법의 명칭을 쓰시오.

> 희망색상을 혼합하여 1~1.5cm 띄우고 길이에서 길이 끝까지 도포 자연 방치 15분 후, 새로이 희망색상을 혼합하여 모근부터 길이 끝까지 도포하여 자연 방치 한다(제조사에서 명시한 방치 시간).

02 보기를 보고 알맞은 명칭을 쓰시오.

> 모발의 염색을 위해 사용되는 염모제는 사람에 따라 접촉성 피부염, 두피 질환 및 탈모 등의 알러지반응 검사이므로 반드시 해야 한다.

03 다음 보기를 보고 일치성이 있는 것에 O, 없는 것에 X표시를 하시오.

모발색상	희망색상	O , X	정답
.1	.2		
.2	.3		
.3	.4		
.5	.6		
.7	.1		
.1	.6		
.3	.7		
.2	.5		
.4	.2		
.5	.4		

MEMO

04 다음 보기를 보고 알맞은 명칭을 쓰시오.

기염모의 도포하는 방법으로 손상을 최소화 하고 신생모와 기염모의 결과색상을 정확히 연결하는 방법이다.

05 연연장 시술 시 온수의 효과를 쓰시오.

06 다음 보기를 보고 알맞은 명칭을 쓰시오.

재염색시 희망색상이 기염모의 색상과 일치성이 없는 경우 반사빛을 제거하는 방법을 말한다.

07 다음 보기를 보고 알맞은 명칭을 쓰시오.

기염모의 인위적인 색소 제거와 레벨업을 목적으로 시술하는 방법을 말한다.

08 다음 보기를 보고 알맞은 명칭을 쓰시오.

보충색이라고도 하며, 이미 제거된 멜라닌 색소를 보충하여 동일한 결과색상을 얻기 위해 제거된 블리치 레벨을 보충하여 주는 색상을 말한다.

09 다음 보기를 보고 알맞은 명칭을 쓰시오.

기염모가 1~2레벨 정도 밝아 레벨다운을 할 때
모발의 손상이 적을 때

10 다음 보기를 보고 알맞은 명칭을 쓰시오.

기염모가 3레벨 이상 밝아 레벨다운을 할 때
모발의 손상이 많을 때

서술형

01 고객 상담카드 작성 시 들어가야 할 사항을 서술하시오.

02 색상의 일치성에 대해 하나의 예시를 들어 서술하시오.

MEMO

MEMO

03 제스처 테스트의 방법에 관하여 서술하시오.

04 스타일 테스트의 방법에 관하여 서술하시오.

05 Cleansing의 정의와 시술 방법에 관하여 설명하고 예시를 들어 서술하시오.

클린징의 예시:

06 Deep Cleansing 정의와 시술 방법에 관하여 설명하고 예시를 들어 서술하시오.

딥 클린징의 예시:

07 필러 색상에 대하여 설명하고 각 레벨 별 필러 색상을 쓰시오.

레벨 별 필러 색상

	블리치 레벨	블리치 레벨 넘버링	활용 필러 색상
10			
9			
8			
7			
6			
5			
4			
3			
2			
1			

08 컬러 매치에 대해 예시를 들어 서술하시오.

09 프리 피그멘테이션에 대해 예시를 들어 서술하시오.

MEMO

MEMO

해답편 염색 기법의 실제

객관식

1	②	2	⑤	3	①	4	②	5	④
6	①	7	②	8	③,⑤	9	①	10	⑤
11	②	12	①,②	13	②,③	14	④	15	⑤

주관식

번호	답	번호	답
1	자연모 도포법	2	패치 테스트
3	정답: X, X, O, O, X, X, X, X, X, X	4	연연장
5	암모니아를 날려줌으로 탈색의 힘을 떨어뜨린다. 과산화를 막는다. 손상도를 줄여준다.	6	Cleansing
7	Deep Cleansing	8	필러 색상
9	컬러 매치	10	프리 피그멘테이션

서술형

MEMO

1	▸ 고객 상담 시 파악할 사항 ① 싫어하는 색상 ② 좋아하는 색상 ③ 즐겨 입는 옷의 색상 ④ 즐겨 하는 색조화장 ⑤ 즐겨 하는 액세서리 ⑥ 원하는 색상	▸ 고객의 모발 진단 ① 자연모의 레벨 ② 신생모의 길이 ③ 백모의 비율 ④ 길이와 블리치 레벨과 반사빛 ⑤ 길이 끝의 블리치 레벨과 반사빛 ⑥ 모발의 손상 정도(데미지 레벨)
2	· 기염모(기존에 염색한 모발)의 밝기와 희망색상의 밝기가 동일한 경우, 재염색 시술 시에 고려해야 하는 것은 색상의 일치성이다. 왜냐하면, 기염모에 기존 시술한 색상이 남아 있는 상황에서 희망색상 시술 시 남아 있는 색상과 재염색 색상이 겹쳐서 다른 색상으로 나타날 수 있기 때문이다. 그러므로 명도의 변화가 없는 상황에서 색상의 일치성 여부를 시술 전에 꼭 확인하고 재염색을 계획하여야 한다.	
3	▸ 제스처 테스트 · 고객을 거울을 등지게 앉힌다. · 양해를 구한 뒤 평소습관을 보기 위해 현재 스타일을 헝클어뜨린다. · 고객 스스로 평소 습관대로 연출하도록 한다. · 자세히 관찰 후 기록한다.(하는 중간중간 왜 그렇게 하는지 묻는다.) · 고객의 언어를 그대로 사용하여 요구조건을 확인한다. · 시술방법을 2가지 이상 제안한다.	
4	▸ 스타일 테스트 · 기다리는 대기 시간을 이용한다. · 스타일링 잡지(뷰티 잡지)와 빨강, 초록색 핀셋(핀컬 핀)을 준비하여 3개씩 준다. · 빨강 → 싫어하는 스타일을 꼽도록한다. · 초록 → 좋아하는 스타일, 비주얼에 꼽도록 한다. · 잡지를 가지고 상담을 시작한다. · 스타일을 보면서 이유를 꼭 묻는다. · 고객의 요구조건을 고객의 언어를 사용하여 파악한다.	
5	▸ 클린징기법: 재염색 시 희망색상이 기염모의 색상과 일치성이 없는 경우 기염모의 색상을 제거하는 방법. ▸ 시술 방법 ① 탈색제 + 산화제20v(6%) + 온수 + 샴푸 = (1: 1: 1: 1) 혼합한다. ② 기염모 도포: 섹션은 얇게 도포량은 충분히 빠르게 도포한다. ③ 5~20분까지 부드럽게 마사지를 한다. ④ 두개피부에 자극을 주지 않도록 주의 탈색제의 잔여물이 남지 않도록 깨끗하게 샴푸. ⑤ 희망색상 도포는 직 연연장 방법으로 도포한다. · 고객의 신생모는 3레벨에 길이는 4cm 기염모는 5.64(구리 적빛 중간 갈색)이다. · 희망색상: 5.45(자주 구리빛 중간 갈색) · 답: 기염모가 동일한 색상이므로 일치성 확인(X) 1. 기염모: Cleansing 2. 신생모: 희망색상 5.64+ 20v- 자연모 도포 3. 기염모: 남은 염모제+ 온수(10~15cc)- 직연연장	

MEMO

6

▸ 딥 클린징기법: 기염모에 인위적인 색소의 제거와 레벨업을 위한 목적으로 사용하며, 항상 딥 클린징시 클린징) 필수로 시술한다.
▸ 시술 방법:
① 클린징 필수 시술 후
② 탈색제 1 + 산화제 (2~3)혼합
③ 기염모 : 섹션은 얇게 도포량은 충분히 빠르게 도포 희망색상의 블리치 레벨이 나올 때 까지 부드럽게 마사지를 한다.
④ 샴푸 - 두개피부에 자극을 주지 않도록 주의하고 탈색제의 잔여물이 남지 않도록 깨끗하게 샴푸한다.
⑤ 희망색상을 직연연장 기법으로 도포한다.

· 고객의 신생모는 3레벨에 길이는 3cm 기염모는 5.64(구리 적빛 중간 갈색)이다.
· 희망색상: 6.45(자주 구리빛 중간 갈색)
· 답: 희망색상이 기염모보다 밝으므로 기염모의 레벨업
1. 기염모: Cleansing후 Deep Cleansing BL 6(황금빛 오렌지)
2. 신생모: 희망색상 6.45 + 30v - 자연모 도포
3. 기염모: 희망색상 6.45 + 20v + 온수(10~15cc) - 직연연장

7

· 필러 색상이란 보충색이라 하며, 이미 제거된 멜라닌 색소를 보충하여 동일한 결과색상을 얻기 위해 제거된 블리치 레벨을 보충하여 주는 색상을 말한다.
· 필러 색상은 일반적으로 블리치 레벨의 색상과 유사한 색상으로 구성되나 명도를 조절할 수 있게 할 목적으로 염색제품에서 기본 색상을 주로 사용한다. 그러나 이는 제조사마다 차이가 조금씩 있으므로 사용하는 제품의 사용 설명서나 시술법을 참조하여 선택하여야 한다.

	블리치 레벨	블리치 레벨 넘버링	활용 필러 색상
10	흐린 노란색	10.03	
9	노란색	9.3	
8	진한 노란색	8.3	8.3
7	금색(황금빛)	7.43	7.43
6	주황빛 금색 (황금빛 오렌지)	6.4	6.45
5	주황색(오렌지)	5.64	5.64, 5.5
4	빨간빛 주황색 (붉은빛 오렌지)	4.6	4.56
3	빨간색(적색)		
2	적갈색(적보라)		
1	어두운 적갈색(검정)		

8

▸ 컬러 매치: 기염모 손상이 거의 없고 희망색상이 기염모보다 2레벨 미만 어두워질 경우 시술하는 방법이다.
▸ 시술 방법
① 신생모: 희망색상 + 산화제 - 신생모 도포
② 기염모: 남은 염모제 + 온수(10~15cc) + 필러 색상(3~5cm) - 직연연장

9

▸ 프리 피그멘테인션: 기염모의 손상이 있으며 희망색상과 비교 3레벨 이상 어두워질 경우에 시술하는 방법이다. 단 레벨의 차이가 2레벨 미만으로 어두워져도 기염부의 손상이 있을 시 프리 피그멘테이션 기법을 사용한다.
▸ 시술 방법
① 기염모: 필러 색상 + 온수 - 기염모 도포
② 신생모: 희망색상 + 산화제 - 신생모 도포
③ 기염모: 남은 염모제 + 온수(10~15cc)- 직연연장

학습 문제 염색 기법의 실제 실기

※각각의 문제를 풀어 보세요.

자연모도포법

1) 고객의 자연모는 2레벨이고 희망색상은 블루 블랙이다.

답:

2) 고객의 자연모는 3레벨 희망색상은 4.56의 적 자주빛 어두운 갈색이다.

답:

3) 고객의 자연모는 3레벨 희망색상은 5.64의 구리 적빛 중간 갈색이다.

답:

4) 고객의 자연모는 3레벨 희망색상은 6.45의 자주 구리빛 밝은 갈색이다.

답:

MEMO

MEMO

5) 고객의 자연모는 2레벨 희망색상은 7.43의 금 구리빛 어두운금색이다.

답:

Cleansing과 직연연장

1) 고객의 신생모는 3레벨에 길이는 2cm 기염모는 5.64(구리 적빛 중간 갈색)이다.
희망색상: 5.45(자주 구리빛 중간 갈색)

답:

2) 고객의 신생모는 3레벨에 길이는 4cm 기염모는 5.64(구리 적빛 중간 갈색)이다.
희망색상: 5.45(자주 구리빛 중간 갈색)

답:

3) 고객의 신생모는 2레벨에 길이는 4cm 기염모는 6.64(구리 적빛 어두운 황갈색)이다.
희망색상: 6.35(자주 금빛 밝은 갈색)

답:

4) 고객의 신생모는 2레벨에 길이는 4cm 기염모 길이 6.35(자주금빛 밝은 갈색) 길이 끝 6.45(자주 구리빛 밝은 갈색)이다.
희망색상: 6.35(자주 금빛 밝은 갈색)

답:

MEMO

Cleansing과 Deep Cieansing

1) 고객의 신생모는 3레벨에 길이는 4cm 기염모는 4.56(적 자주빛 어두운 갈색)이다.
희망색상: 5.5(자주빛 중간 갈색)

답:

2) 고객의 신생모는 3레벨에 길이는 3cm 기염모는 5.64(구리 적빛 중간 갈색)이다.
희망색상: 6.45(자주 구리빛 밝은 갈색)

답:

3) 고객의 신생모는 2레벨에 길이는 2cm 기염모는 5.64(구리 적빛 중간 갈색)이다.
희망색상: 6.45(자주 구리빛 밝은 갈색)

답:

MEMO

4) 고객의 신생모는 2레벨에 길이는 4cm 기염모는 6.64(구리 적빛 밝은 갈색)이다.
희망색상: 6.1(잿빛 밝은 갈색)

답:

컬러 매치

1) 고객의 신생모는 3레벨에 길이는 2cm 기염모는 6.66(진한 적빛 밝은 갈색)이다.
희망색상: 5.5(자주빛 중간 갈색)

답:

2) 고객의 신생모는 3레벨에 길이는 3cm 기염모는 6.66(진한 적빛 밝은 갈색)이다.
희망색상: 5.5(자주빛 중간 갈색)

답:

3) 고객의 신생모는 3레벨에 길이는 2cm 기염모는 7.43(금 구리빛 어두운 금색)이다.
희망색상: 5.5(자주빛 중간 갈색)

답:

4) 고객의 신생모는 3레벨에 길이는 4cm 기염모는 7.43(금 구리빛 어두운 금색)이다.
희망색상: 5.5(자주빛 중간 갈색)

답:

5) 고객의 신생모는 2레벨에 길이는 4cm 기염모는 7.43(금 구리빛 어두운 금색)이다.
희망색상: 5.5(자주빛 중간 갈색)

답:

프리 피그멘테이션

1) 고객의 신생모는 2레벨에 길이는 2cm 기염모는 7.43(금 구리빛 어두운 금색이다.
희망색상: 4.45(자주 구리빛 어두운 갈색)

답:

2) 고객의 신생모는 2레벨에 길이는 3cm 기염모는 7.43(금 구리빛 어두운 금색)이다.
희망색상: 4.45(자주 구리빛 어두운 갈색)

답:

MEMO

MEMO

3) 고객의 신생모는 2레벨에 길이는 3cm 기염모는 7.43(금 구리빛 어두운 금색)이다.
희망색상: 2.10(블루 블랙)

답:

4) 고객의 신생모는 3레벨에 길이는 3cm 기염모는 8.3(금빛 밝은 황갈색)이다- 기염모 손상 있음.
희망색상: 7.43(금 구리빛 어두운 금색)

답:

5) 고객의 신생모는 3레벨에 길이는 3cm 기염모는 8.1(잿빛 밝은 중간 금색)이다- 기염모 손상 있음.
희망색상: 7.43(금 구리빛 어두운 금색)

답:

6) 고객의 신생모는 4레벨에 길이는 2cm 기염모는 6.45(자주 구리빛 밝은 갈색)이다- 기염모 손상 있음.
희망색상: 6.66(진한 적빛 밝은 갈색)

답:

종합 문제

1) 고객의 자연모는 3레벨에 길이는 2cm이고 기염모의 길이는 4레벨에 반사빛은 .45(자주 구리빛)이며 길이 끝은 5레벨에 .45(자주 구리빛)이다.
희망색상은 5.64(구리 적빛 중간 갈색)

답:

2) 고객의 자연모는 4레벨에 길이는 4cm이고 기염모의 길이는 6레벨에 반사빛은 .45(자주 구리빛)이며 길이 끝은 6레벨에 .43(금 구리빛)이다.
희망색상은 6.64(구리 적빛 밝은 갈색)

답:

3) 고객의 자연모는 2레벨에 길이는 2cm이고 기염모의 길이는 6레벨에 반사빛은 .45(자주 구리빛)이며 길이 끝은 6레벨에 .44(진한 구리빛)이다.
희망색상은 6.35(자주 금빛 밝은 갈색)

답:

4) 고객의 자연모는 2레벨에 길이는 3cm이고 기염모의 길이는 6레벨에 반사빛은 .45(자주 구리빛)이며 길이 끝은 6레벨에 .44(진한 구리빛)이다.
희망색상은 6.35(자주 금빛 밝은 갈색)

답:

MEMO

MEMO

※각각의 문제를 풀어 보세요.

5) 고객의 자연모는 4레벨에 길이는 2cm이고 기염모의 길이는 5레벨에 반사빛은 .45(자주 구리빛)이며 길이 끝은 6레벨에 .45(자주 구리빛)이다.
희망색상은 7.35(자주 금빛 어두운 금색)

답:

6) 고객의 자연모는 2레벨에 길이는 4cm이고 기염모의 길이는 5레벨에 반사빛은 .45(자주 구리빛)이며 길이 끝은 6레벨에 .45(자주 구리빛)이다.
희망색상은 7.35(자주 금빛 어두운 금색)

답:

7) 고객의 자연모는 2레벨에 길이는 4cm이고 기염모의 길이는 5레벨에 반사빛은 .45(자주 구리빛)이며 길이 끝은 7레벨에 .45(자주 구리빛)이다. 기염모 C부분 손상 있음.
희망색상은 6.35(자주 금빛 밝은 갈색)

답:

8) 고객의 자연모는 3레벨에 길이는 4cm이고 기염모의 길이는 5레벨에 반사빛은 .64(구리 적빛)이며 길이 끝은 7레벨에 .45(자주 구리빛)이다. 기염모 C부분 손상 있음.
희망색상은 5.35(자주 금빛 중간 갈색)

답:

9) 고객의 자연모는 3레벨에 길이는 2cm이고 기염모의 길이는 6레벨에 반사빛은 .7(카키빛)이며 길이 끝은 8레벨에 .7(카키빛)이다. 기염모 B, C부분 손상 있음. 희망색상은 6.45(자주 구리빛 밝은 갈색)

답 :

10) 고객의 자연모는 3레벨에 길이는 2cm이고 기염모의 길이는 6레벨에 반사빛은 .7(카키빛)이며 길이 끝은 8레벨에 .7(카키빛)이다.
희망색상은 6.1(잿빛 밝은 갈색)

답 :

11) 고객의 자연모는 3레벨에 길이는 2cm이고 기염모의 길이는 6레벨에 반사빛은 .35(자주 금빛)이며 길이 끝은 8레벨에 .35(자주 금빛)이다.
희망색상은 2.10(블루 블랙)

답 :

12) 고객의 자연모는 4레벨에 길이는 4cm이고 기염모의 길이는 7레벨에 반사빛은 .34(구리 금빛)이며 길이 끝은 8레벨에 .03(자연스러운 금빛)이다.
희망색상은 7.4(구리빛 어두운 금색)

답 :

MEMO

MEMO

13) 고객의 자연모는 5레벨에 길이는 4cm이고 기염모의 길이는 6레벨에 반사빛은 .35(자주 금빛)이며 길이 끝은 9레벨에 .3(금빛)이다. 기염모 - C부분 손상 있음. 희망색상은 7.44(진한 구리빛 어두운 금색)

답:

14) 고객의 자연모는 3레벨에 길이는 4cm이고 기염모의 길이는 5레벨에 반사빛은 .35(자주 금빛)이며 길이 끝은 9레벨에 .3(금빛)이다.
희망색상은 6.45(자주 구리빛 밝은 갈색)

답:

15) 고객의 자연모는 3레벨에 길이는 4cm이고 기염부의 길이는 5레벨에 반사빛은 .35(자주 금빛)이며 길이 끝은 6레벨에 .3(금빛)이다. 기염모 - C부분 손상 있음. 희망색상은 5.5(자주빛 중간 갈색)

답:

해답편 염색 기법의 실제 실기

자연모도포법

1)	1. 희망색상 블루 블랙 + 20v - 원터치 도포 원터치 도포 (모근에서 길이 끝까지 한 번에 바른다.)
2)	1. 희망색상 4.56 + 20v - 원터치 도포
3)	1. 희망색상 5.64 + 20v - 자연모 도포 자연모 도포(모근 1cm를 띄우고 길이에서 길이 끝까지 도포 자연 방치 15분, 희망색상을 산화제와 혼합 모근에서 길이 끝까지 도포, 자연방치 30~35분)
4)	1. 희망색상 6.45 + 30v - 자연모 도포 만일 30v 산화제가 없다면 3단계까지 자연모를 밝게 할 수 있는 사전탈색을 한다. 1. 사전탈색 BL 6(오렌지) 레벨업 2. 희망색상 6.45 + 20v - 원터치 도포
5)	1. 사전탈색 BL 7(노랑 오렌지) 레벨업 2. 희망색상 7.43 + 20v - 원터치 도포 사전탈색 후에는 희망색상 도포는 원터치로 도포

Cleansing과 직연연장

1)	기염모가 동일한 색상이므로 일치성 확인(X) 1. 기염모: Cleansing 2. 신생모: 희망색상 5.45 + 20v - 신생모 도포 3. 기염모: 남은 염모제 + 온수(10~15cc) - 직연연장
2)	기염모가 동일한 색상이므로 일치성 확인(X) 1. 기염모: Cleansing 2. 신생모: 희망색상 5.45 + 20v - 자연모 도포 3. 기염모: 남은 염모제 + 온수(10~15cc) - 직연연장

MEMO

MEMO

3)	기염모가 동일한 색상이므로 일치성 확인(X) 1. 기염모: Cleansing 2. 신생모: 사전탈색 BL 6(오렌지) 레벨업 3. 신생모: 희망색상 5.35 + 20v - 원터치 도포 4. 기염모: 남은 염모제 + 온수(10~15cc)- 직연연장
4)	기염모가 동일한 색상 길이 일치성 확인(O) 길이 끝 일치성 확인(X) 1. 기염모 길이 끝: Cleansing 2. 신생모: 사전탈색 BL 6(오렌지) 레벨업 3. 신생모: 희망색상 5.35 + 20v - 원터치 도포 4. 기염모: 남은 염모제 + 온수(10~15cc) - 직연연장

Cleansing과 Deep Cleansing

1)	희망색상이 기염모보다 밝으므로 기염모의 레벨업 1. 기염모: Cleansing후 Deep Cleansing BL 5(붉은 오렌지) 2. 신생모: 희망색상 5.5 + 20v - 자연모 도포 3. 기염모: 남은 염모제 + 온수(10~15cc) - 직연연장
2)	희망색상이 기염모보다 밝으므로 기염모의 레벨업 1. 기염모: Cleansing후 Deep Cleansing BL 6(오렌지) 2. 신생모: 희망색상 6.45 + 30v - 자연모 도포 3. 기염모: 희망색상 6.45 + 20v + 온수(10~15cc) - 직연연장
3)	희망색상이 기염모보다 밝으므로 기염모의 레벨업 1. 기염모: Cleansing후 Deep Cleansing BL 6(오렌지) 2. 신생모: 사전탈색 BL 6(오렌지) 3. 신생모: 희망색상 6.45 + 20v - 원터치 도포 4. 기염모: 남은 염모제 + 온수(10~15cc) - 직연연장
4)	희망색상이 기염모보다 밝으므로 기염모의 레벨업 1. 기염모: Cleansing후 Deep Cleansing BL 10(흐린 노란색) 2. 신생모: 사전탈색 BL 10(흐린 노란색) 3. 신생모: 희망색상 6.1 + 20v - 원터치 도포 4. 기염모: 남은 염모제 + 온수(10~15cc) - 직연연장

컬러 매치

1)	기염모보다 희망색상이 어둡다. 그러므로 1레벨다운 1. 신생모: 희망색상 5.5 + 20v - 신생모 도포 2. 기염모: 남은 염모제 + 필러(5.64) + 온수(10~15cc) - 직연연장
2)	기염모보다 희망색상이 어둡다. 그러므로 1레벨다운 1. 신생모: 희망색상 5.5 + 20v - 자연모 도포 2. 기염모: 남은 염모제 + 필러(5.64) + 온수(10~15cc) - 직연연장
3)	기염모보다 희망색상이 어둡다. 그러므로 2레벨다운 1. 신생모: 희망색상 5.5 + 20v - 신생모 도포 2. 기염모: 남은 염모제 +필러(5.64) + 온수(10~15cc) - 직연연장
4)	기염모보다 희망색상이 어둡다. 그러므로 2레벨다운 1. 신생모: 희망색상 5.5 + 20v - 자연모 도포 2. 기염모: 남은 염모제 + 필러(5.64) + 온수(10~15cc) - 직연연장
5)	기염모보다 희망색상이 어둡다. 그러므로 2레벨다운 1. 신생모: 희망색상 5.5 + 30v - 자연모 도포 2. 기염모: 희망색상 5.5 + 20v + 필러(5.64) + 온수(10~15cc) - 직연연장

프리 피그멘테이션

1)	기염모보다 희망색상이 어둡다. 그러므로 3레벨다운 1. 기염모: 필러 색상(4.6) + 온수 - 기염모 도포 2. 신생모: 희망색상 4.45 + 20v - 신생모 도포 3. 기염모: 남은 염모제 + 온수(10~15cc) - 직연연장
2)	기염모보다 희망색상이 어둡다. 그러므로 3레벨다운 1. 기염모: 필러 색상(4.6) + 온수 - 기염모 도포 2. 신생모: 희망색상 4.45 + 20v - 자연모 도포 3. 기염모: 남은 염모제 + 온수(10~15cc) - 직연연장
3)	기염모보다 희망색상이 어둡다. 그러므로 5레벨다운 1. 기염모: 필러 색상(4.6) + 온수 - 기염모 도포 2. 신생모: 희망색상 2.10 + 20v - 자연모 도포 3. 기염모: 남은 염모제 + 온수(10~15cc) - 직연연장
4)	기염모보다 희망색상이 어둡다. 그러므로 1레벨다운 또는 프리 피그멘테이션 1. 신생모: 사전탈색 BL 7(노랑 오렌지) 2. 기염모: 필러 색상(7.43) + 온수 - 기염모 도포 3. 신생모: 희망색상 7.43 + 20v - 원터치 도포 4. 기염모: 남은 염모제 + 온수(10~15cc) - 직연연장

MEMO

MEMO

5)	기염모보다 희망색상이 어둡다. 그러므로 3레벨다운, 손상이 있으므로 프리 피그멘테이션 또한 필러 색상이 중화가 되므로 기염부에 Cleansing을 시술한다. 1. 기염모: Cleansing 2. 신생모: 사전탈색 BL 7(노랑 오렌지) 3. 기염모: 필러 색상(7.43) + 온수 - 기염모 도포 4. 신생모: 희망색상 7.43 + 20v - 원터치 도포 5. 기염모: 남은 염모제 + 온수(10~15cc) - 직연연장
6)	기염모와 희망색 상이 동일한 레벨이다. 그러나 기염모에 프리 피그멘테이션을 시술한다. 1. 기염모: 필러 색상(6.4) + 온수 - 기염모 도포 2. 신생모: 희망색상 6.66 + 20v - 신생모 도포 3. 기염모: 남은 염모제 + 온수(10~15cc) - 직연연장

종합 문제

1)	1. B: Cleansing후 Deep Cleansing BL 5(붉은 오렌지) 2. A: 희망색상 5.64 + 20v - 신생모 도포 3. B~C: 남은 염모제 + 온수(10~ 15cc) - 직연연장
2)	1. A: 희망색상 6.64 + 20v - 자연모 도포 2. B~C: 남은 염모제 + 온수(10~ 15cc) - 직연연장
3)	1. B~C: Cleansing 2. A: 사전탈색 BL 6(오렌지) 3. A: 희망색상 6.35 + 20v - 원터치 도포 4. B~C: 남은 염모제 + 온수(10~ 15cc) - 직연연장
4)	1. B~C: Cleansing 2. A: 사전탈색 BL 6(오렌지) 3. A: 희망색상 6.35 + 20v - 자연모 도포 4. B~C: 남은 염모제 + 온수(10~ 15cc) - 직연연장
5)	1. B~C: Cleansing후 Deep Cleansing BL 7(어두운 금색) 2. A: 희망색상 7.35 + 30v - 신생모 도포 3. B~C: 희망색상 7.35 + 20v + 온수(10~ 15cc) - 직연연장
6)	1. B~C: Cleansing후 Deep Cleansing BL 7(어두운 금색) 2. A: 사전탈색 BL 7(노랑 오렌지) 3. A: 희망색상 7.35 + 20v - 원터치 도포 4. B~C: 희망색상 7.35 + 20v + 온수(10~ 15cc) - 직연연장
7)	1. B: Cleansing후 Deep Cleansing BL 6(황금빛 오렌지) 2. A: 사전탈색 BL 6(황금빛 오렌지) 3. C: 필러 색상 6.4 + 온수 - 도포 4. A: 희망색상 6.35 + 20v - 원터치 도포 5. B~C: 남은 염모제 + 온수(10~ 15cc) - 직연연장

8)	1. B: Cleansing 2. C: 필러 색상 5.64 + 온수 - 도포 3. A: 희망색상 5.35 + 20v - 자연모 도포 4. B~C: 남은 염모제 + 온수(10~ 15cc) - 직연연장
9)	1. B~C: Cleansing 2. B~C: 필러 색상 6.4 + 온수 - 도포 3. A: 희망색상 6.45 + 30v - 신생모 도포 4. B~C: 희망색상 6.45 + 20v + 온수(10~ 15cc) - 직연연장
10)	1. B~C: Cleansing후 Deep Cleansing BL 10(아주아주 밝은 노란색) 2. A: 사전탈색 BL 10(아주아주 밝은 노란색) 3. A: 희망색상 6.1 + 20v- 원터치 도포 4. B~C: 남은 염모제 + 온수(10~ 15cc) - 직연연장
11)	1. B~C: 필러 색상 4.6 + 온수 - 도포 2. A: 희망색상 2.10 + 20v - 신생모 도포 3. B~C: 남은 염모제 + 온수(10~ 15cc) - 직연연장
12)	1. A: 7.4 + 30v - 자연모 도포 2. B: 7.4 + 20v + 온수(10~ 15cc) -직연연장 3. C: 남은 염모제 + 필러(7.43) - 직연연장
13)	1. B: Cleansing후 Deep Cleansing BL 7(어두운 금색) 2. A: 희망색상 7.44 + 20v - 자연모 도포 3. B: 남은 염모제 + 온수(10~ 15cc) - 직연연장 4. C: 남은 염모제 + 필러 색상(7.43) - 직연연장
14)	1. B: Cleansing후 Deep Cleansing BL 6(주황빛 금색) 2. C: 필러 색상(6.4) + 온수 - 도포 3. A: 희망색상 6.45 + 30v - 자연모 도포 4. B~C: 희망색상 6.45 + 20v + 온수(10~ 15cc) - 직연연장
15)	1. C: 필러 색상(5.64) + 온수 - 도포 2. A: 희망색상 5.5 + 20v - 자연모 도포 3. B~C: 남은 염모제 + 온수(10~ 15cc) - 직연연장

MEMO

4강

디자인 헤어 컬러

학습 개요

이 단원은 고객스타일과 고객 성향의 특성을 파악하여 이미지 연출을 한다, 이미지 연출은 조화로운 이미지와 개성 연출의 이미지로 나누어 지며, 이러한 방법은 색상의 배색과 파팅의 방법에 의하여 만들어 진다. 그러므로 컬러 디자인의 개념을 파악하며, 컬러 디자인의 구성 요소와 컬러 디자인의 기술로서 위빙과 슬라이스 기법을 중심으로 호일 워크와 실무를 학습하도록 한다.

주요 용어

디자인 구성 3요소, 질감(Texture), 위빙, 슬라이스, 패널, 포인트, 칩(Chip), 피치(Pitch), 호일워크, 프런트 박스, 톱 섹션, 사이드 섹션, 트라이앵글 섹션, 미들 섹션, 네이프 섹션, 조화(Harmony), 대조(Contrast)

MEMO

14 헤어컬러 디자인

학습목표

1. 헤어컬러 디자인의 목적을 설명할 수 있다.
2. 헤어컬러 디자인에 있어서 고려되는 요소를 설명할 수 있다.
3. 헤어컬러 디자인의 표현 방법에 대하여 설명할 수 있다.
4. 고객의 이미지에 따른 헤어컬러 디자인을 연출할 수 있다.

1. 헤어컬러 디자인의 목적

헤어컬러 디자인의 목적은 고객의 스타일에 따른 이미지 연출(Visagism)이다. 인체에서 확실한 변화를 줄 수 있는 것은 헤어 컬러 스타일이다.

1) 헤어컬러 디자인의 고려 사항

① 고객별 연령
② 고객의 직업
③ 고객의 선호 색상(좋아하는 색상과 싫어하는 색상)
④ 선호 색상과 피부 톤과의 관계
⑤ 고객의 스타일
⑥ 조화의 이미지 또는 개성의 이미지 연출

MEMO

2) 헤어컬러 디자인의 표현 방법

헤어컬러 디자인의 기술은 위빙, 슬라이스, 패널, 포인트 등의 다양한 방법이 있다. 이 때 입체적인 구성을 위한 방향성, 볼륨, 질감, 모양, 크기, 각도 다양한 조합을 통해 스타일을 다양하게 표현한다.

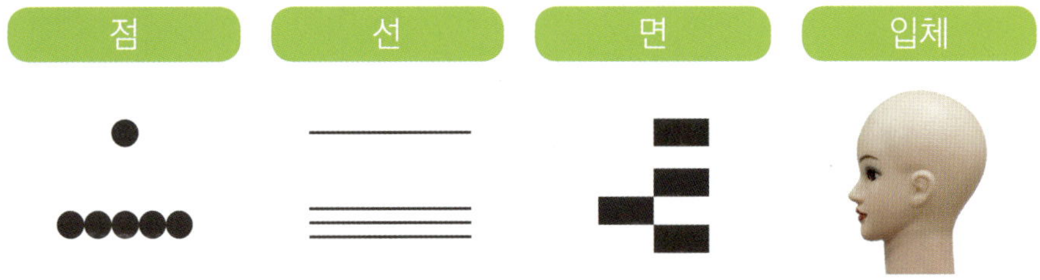

<그림 Ⅳ-1> **컬러 디자인 표현 방법**

3) 헤어컬러 디자인의 표현 방법의 활용 예시

(1) 활용예시

〈그림 Ⅳ-2〉의 위빙 디자인(a)는 명도의 차이를 크게 두지 않았으며, 자연스러운 위빙을 위해 베이스 섹션의 위빙 크기와 간격을 삼각형으로 톱 부분을 중심으로 시술한다.

(2) 활용예시

〈그림 Ⅳ-3〉의 슬라이스 파팅(b)은 위빙(a)과 비슷하게 자연스러운 느낌으로 연출하였다.

레이어드 커트 형태에서는 뱅, 사이드, 네이프에 컬러질감을 만들어 줌으로써 볼륨감을 주었다.

<그림 Ⅳ-2> 디자인 표현 방법의 예 (a) 위빙 디자인의 예

<그림 Ⅳ-3> 디자인 표현 방법의 예(b) 슬라이스 디자인의 예

MEMO

MEMO

(2) 활용예시

〈그림 Ⅳ-4〉의 (c)는 두상을 크게 두 개의 영역(zone)으로 나누어 명도 차이를 이용하여 내측(Interior)에 명도를 높게 하여 볼륨감을 만들어 주었고, 이어 라인과 외측(Exterior)은 상대적으로 어둡게 만들어 축소되는 효과로 연출하였다.

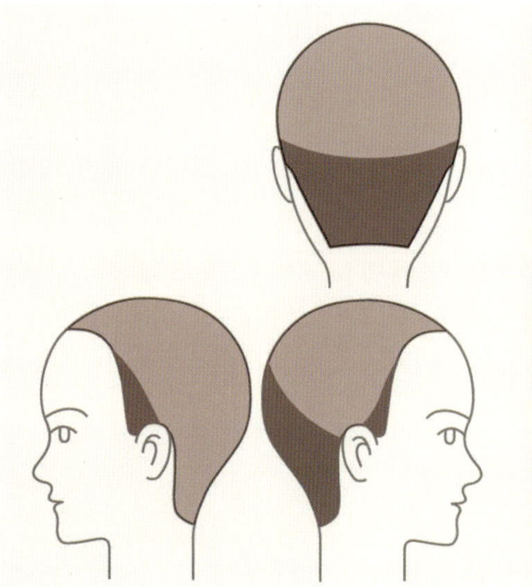

<그림 Ⅳ-4> **디자인 표현 방법의 예 (c) 패널(존) 디자인의 예**

MEMO

15 헤어컬러 디자인의 테크닉

▲ *학습목표*

1. 부분 컬러링의 기법을 활용하여 설명할 수 있다.
2. 다양한 컬러 디자인을 할 수 있다.
3. 호일워크 작업 준비와 파팅을 할 수 있다.
4. 호일워크 위빙과 호일 작업을 할 수 있다.
5. 헤어스타일에 따른 호일 워크를 할 수 있다

1. 위빙

위빙은 부분 컬러링 기법으로 코바늘을 사용하여 칩의 폭과 길이 변화를 통해 다양한 효과가 기대되는 기술이다.

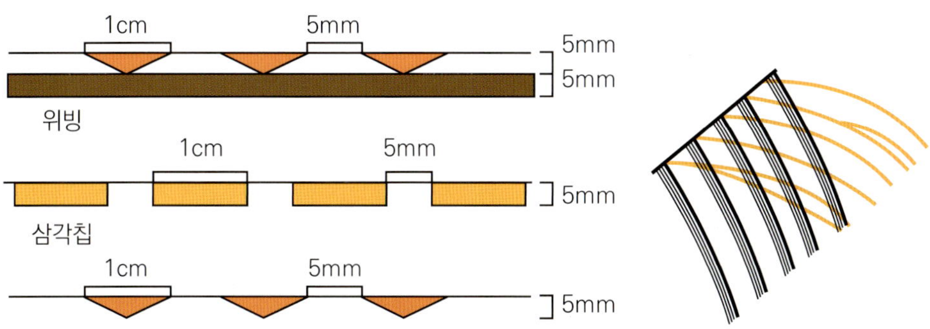

<그림 Ⅳ-5> **위빙 기법의 예**

MEMO

2. 슬라이스

슬라이스는 가는 선을 이용하여 부분적 모발의 색상 및 명도의 차이를 통해 다양한 효과를 갖는다.

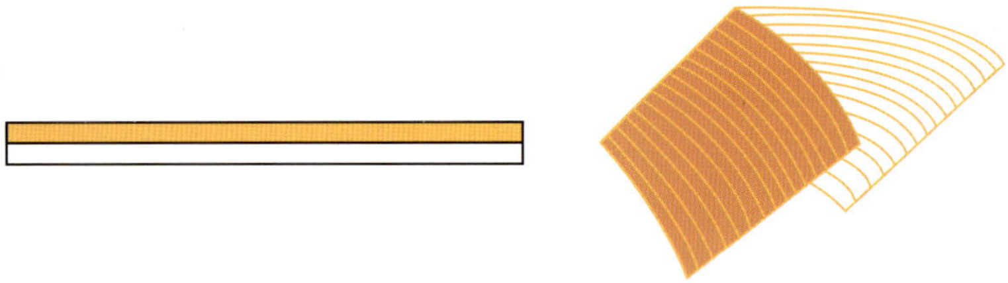

<그림 Ⅳ-6> **슬라이스 기법 예**

1) 부분 컬러링의 활용의 예

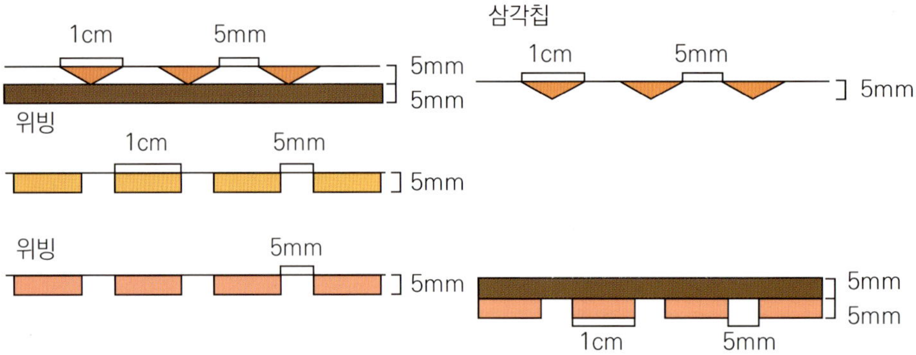

<그림 Ⅳ-7> **부분 컬러링 기법의 활용**

알아두기

용어의 정리

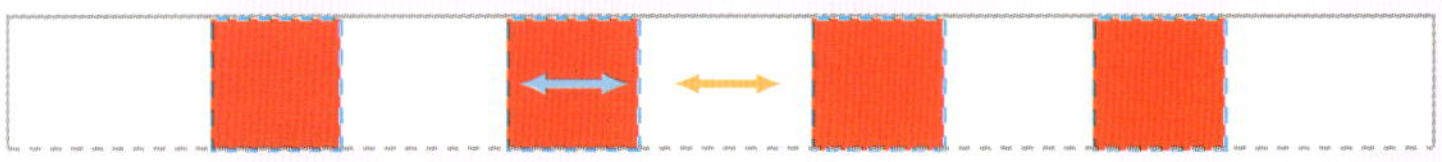

칩(Chip)	꺼낸 머리카락
피치(Pitch)	칩과 칩의 간격

MEMO

3. 부분 컬러링의 디자인 효과

Light Up & Down	Movement	Accent
가벼움, 부드러움 등 무거움, 차분함 등	움직임, 입체감 등	강조, 변화 등

1) 크기와 각도에 따른 변화

① 슬라이스의 경우는 모류에 따라 각도를 변화시킴으로써 모발 끝의 질감에 변화를 줄 수 있다.

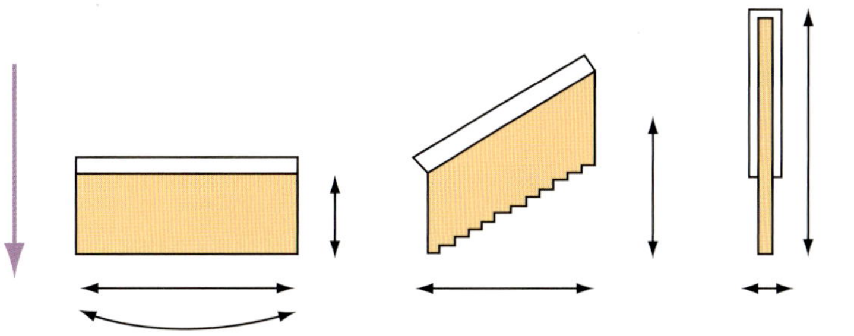

<그림 Ⅳ-8> **슬라이스 각도에 따른 질감의 변화**

② 위빙의 경우는 슬라이스 각도에 따라 칩과 칩의 간격에 의해 질감의 변화를 줄 수 있다.

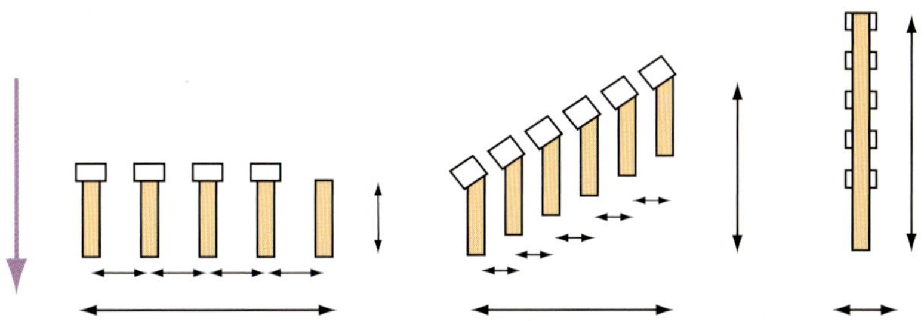

<그림 Ⅳ-9> **위빙의 각도에 따른 질감의 변화**

MEMO

2) 색상 배치의 조합에 따른 변화

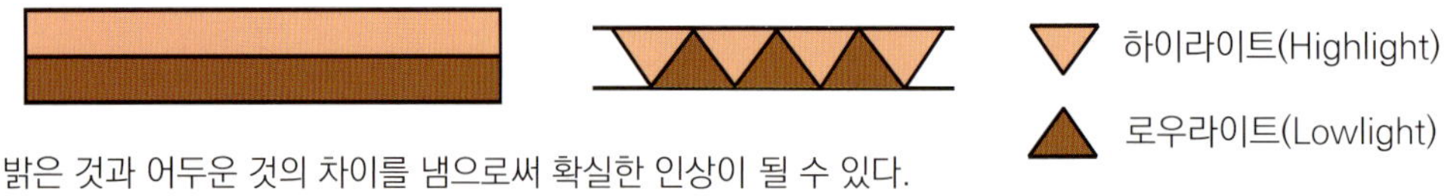

밝은 것과 어두운 것의 차이를 냄으로써 확실한 인상이 될 수 있다.

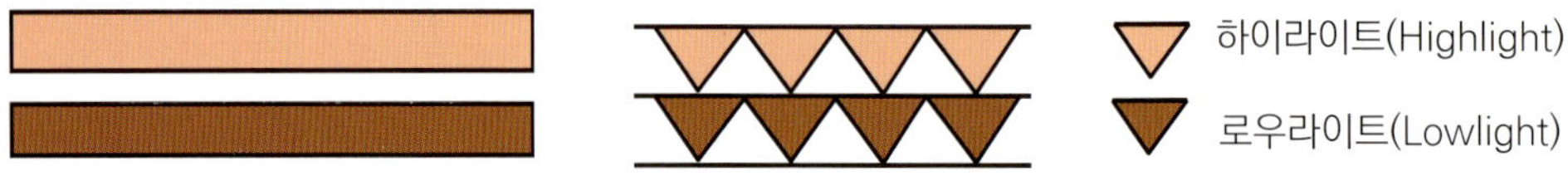

중간에 베이스 색끼리 섞여져 자연스러운 인상이 될 수 있다.

<그림 Ⅳ-10> **색상의 배치에 따른 질감의 변화**

3) 형태에 따른 질감적 변화

정사각형 형태의 칩일 경우 커트 형태와 질감에 따라 표현되는 느낌은 다르다. 그러나 동일한 형태와 질감에서 서로 다른 모양의 칩을 꺼내었을 때 표현되는 질감과 형태, 움직인 볼륨감이 다르게 표현된다.

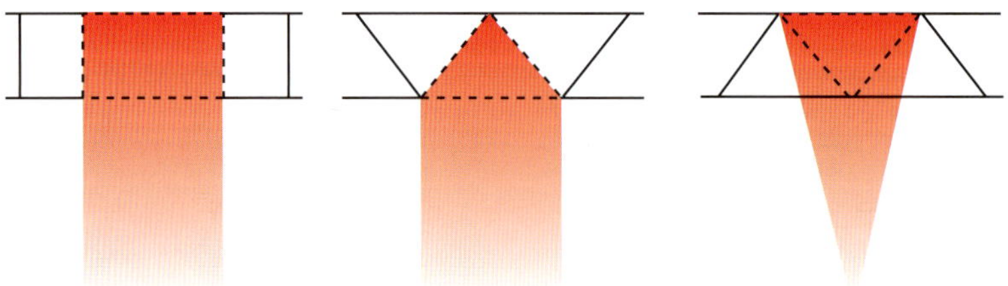

<그림 Ⅳ-11> **형태에 따른 질감의 변화**

4) 슬라이스 방향과 칩 양과의 관계

(1) 슬라이스 방향에 따른 결과

유니폼 레이어드 형일 경우 연출된 결과는 표면에서 보다는 길이 끝에서 질감과 움직임의 결과를 만들어 주므로 조화로운 이미지 연출에 효과적이다. 반면 대조의 경우 모발 표면에서부터 질감과 움직임, 볼륨감을 만들어 주므로 강조의 이미지 연출에 효과적이다.

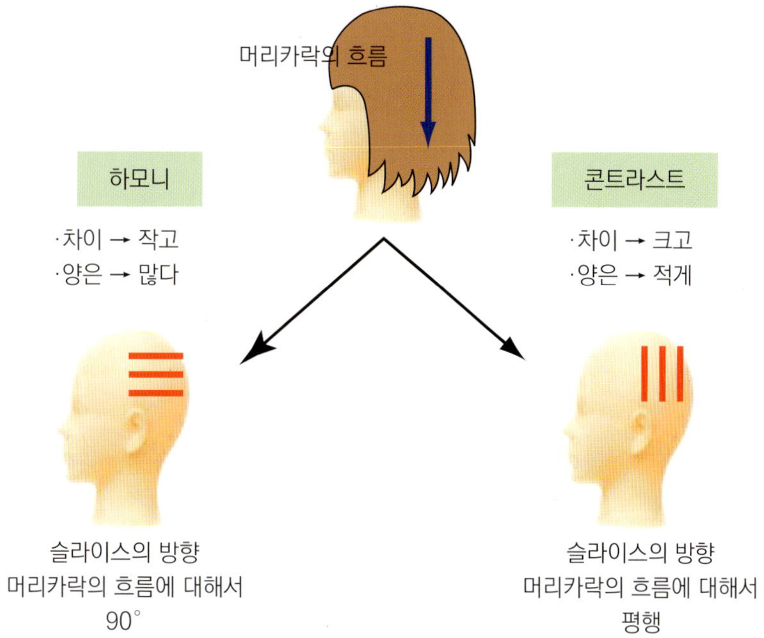

<그림 Ⅳ-12> 방향에 따른 질감의 변화

MEMO

MEMO

(2) 칩의 양에 따른 결과

메쉬를 가늘게, 간격을 좁게 많이 넣었을 경우, 시각적인 효과가 전체를 염색한 것 같은 결과를 만들어 주므로 좀 더 자연스러운 조화로운 결과를 연출할 수 있다. 대조에서 보는 것같이 메쉬를 만들었을 경우는 베이스 부분과 메쉬를 만든 부분의 차이가 커보이므로 시각적인 효과를 만들어 주어 강조의 이미지를 연출할 수 있다.

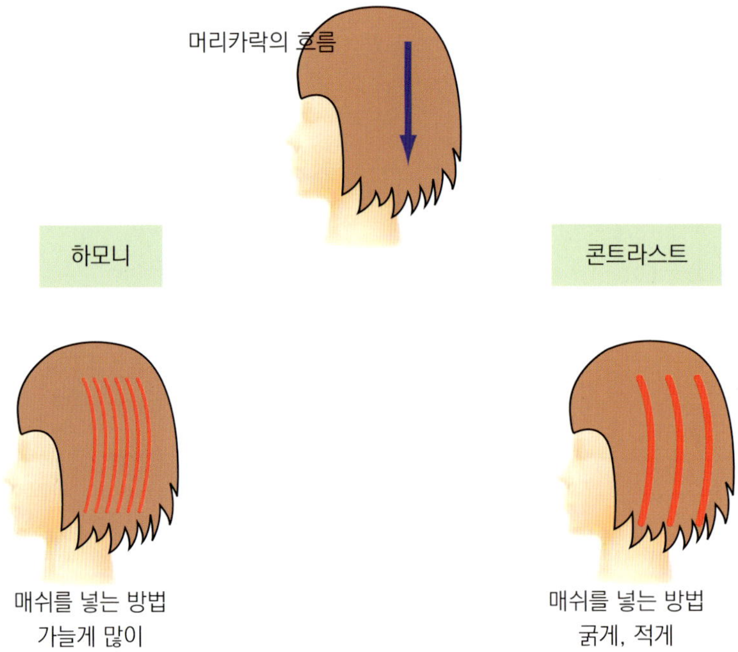

<그림 Ⅳ-13> **칩의 양에 따른 질감의 변화**

4. 매쉬를 활용한 호일작업

1) 호일 작업을 위한 준비

ㄱ. 시술 전에 호일, 위빙 콤, 호일워크 브러시, 염모제, 벨트, U핀, 싱글핀, 타월(위빙 콤 뒤끝에 묻어있는 염모제를 닦기 위해 사용)을 트레이 위에 준비해 놓는다.

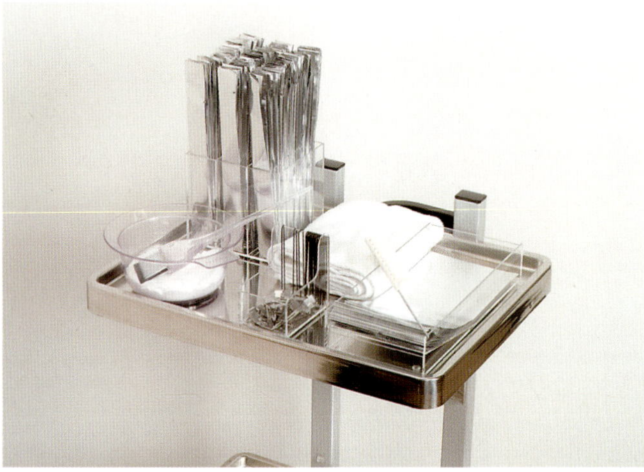

<그림 Ⅳ-14> **호일워크를 위한 기본 준비물**(자료제공: 밀본 코리아)

ㄴ. 프런트 박스: 센터 라인을 중심으로 폭 6cm 길이 3cm를 나눈다.

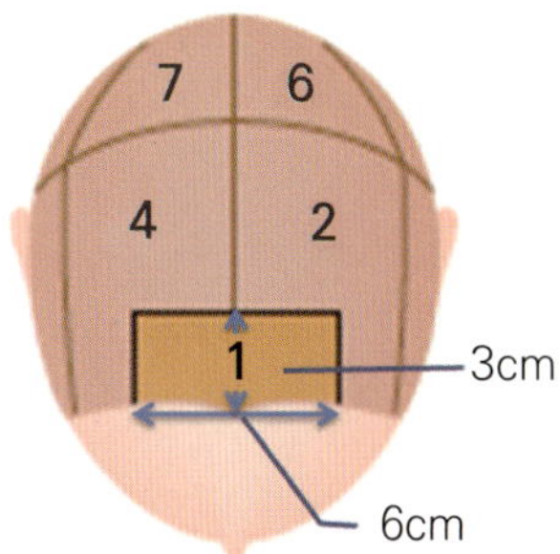

MEMO

MEMO

ㄷ. 톱과 사이드 섹션: 센터 라인 위에서 프런트 박스로부터 7cm(호일 폭)의 부분을 기점으로 하여 모발이 자연스럽게 떨어지는 위치에서 E.P~ E.P로 나눈다.

페이스 라인은 관자놀이(프런트 박스에서 약 3cm아래)를, E.P~ E.P라인은 톱으로부터 약 7cm 밑을 각각 묶어서 상하 2등분으로 나눈다.

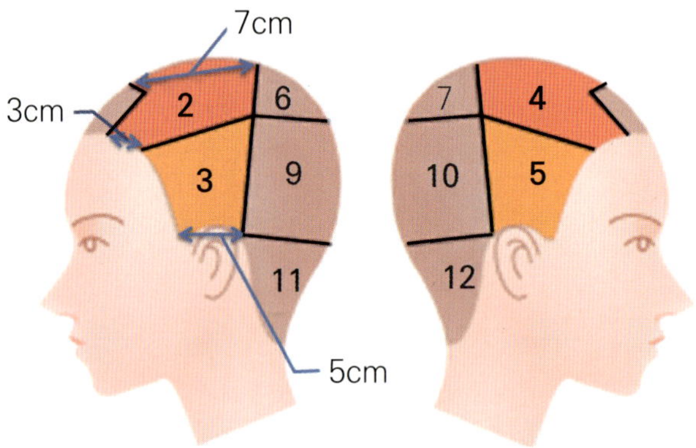

ㄹ. 트라이앵글 섹션: 센터파트, 톱의 기점에서 약 7cm 밑을 각각 2존과 3존, 4존과 5존의 파트 라인의 연장선 위에서 연결한다.

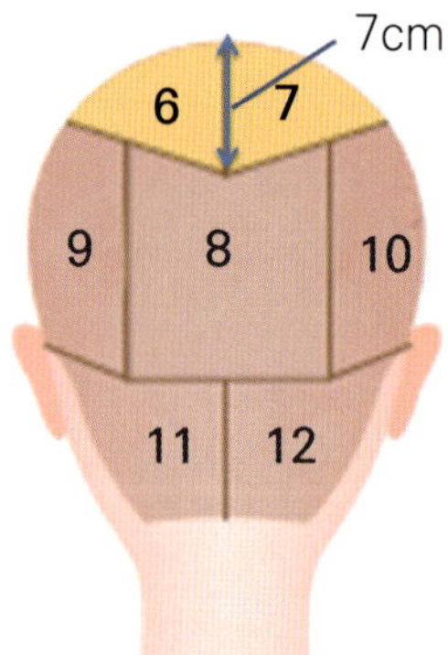

ㅁ. 미들 섹션: 오른쪽의 그림과 같이 9존이 정사각형이 되도록 밑 선을 그어 각각의 양 꼭지점과 3존, 5존의 귀 뒷부분 교차점에 연결시키고 8존, 9존, 10존의 가로 폭은 역시 동일하다.

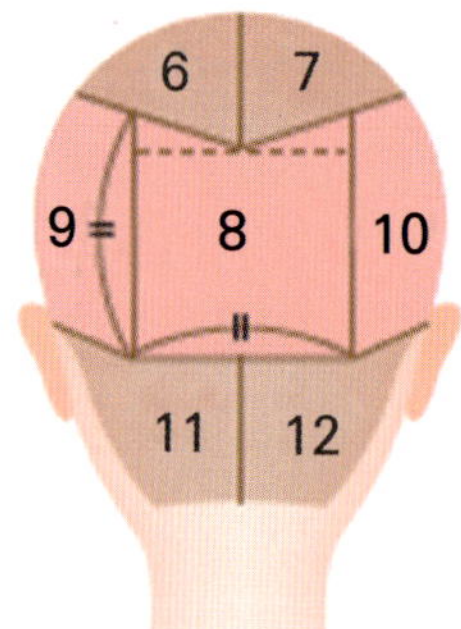

ㅂ. 네이프 섹션: 남아있는 네이프 부분을 백 센터라인으로 2등분한다.

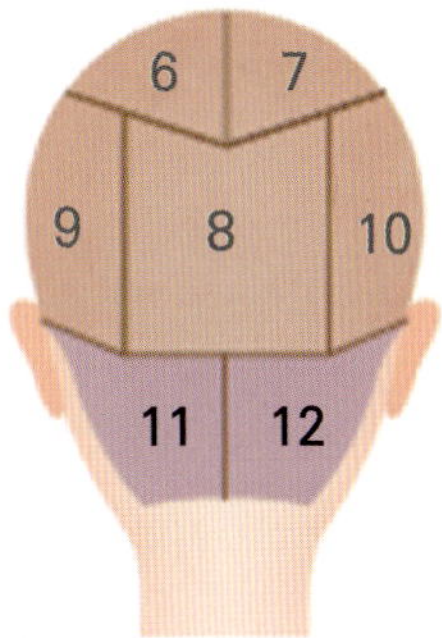

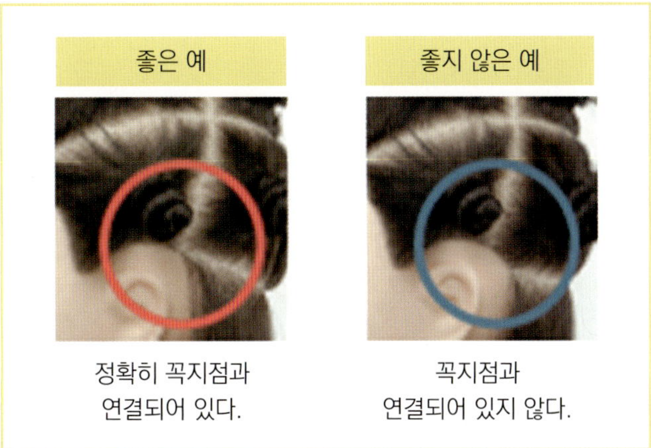

<그림 Ⅳ-15> **호일워크를 위하여 각 섹션의 블로킹 방법**(자료제공: 밀본 코리아)

MEMO

MEMO

2) 각 블록의 두발 고정 방법

ㄱ. 모양 다듬기

빗을 쥐고 있지 않은 손으로 모근을 잡고 빗으로 모다발을 모아서 정돈한다.

ㄴ. 비틀어 돌리기

모다발을 잡고 있는 손으로 모다발의 뿌리부분을 비틀어 블록을 고정시킨다.

ㄷ. 모다발 모아주기

모다발을 뿌리부분 둘레로 돌려 감아간다.

ㄹ. 고정시키기

U핀을 사진과 같이 위에서 아래로 꽂는다(밑에서부터 두 번째 단의 위치).

ㅁ. 완성

모근 부분에다 고정시킨다.

알아두기

좋지 않은 예

각 블로킹의 밑으로 모발 끝부분이나 핀 끝부분이 삐져나오지 않도록 한다.

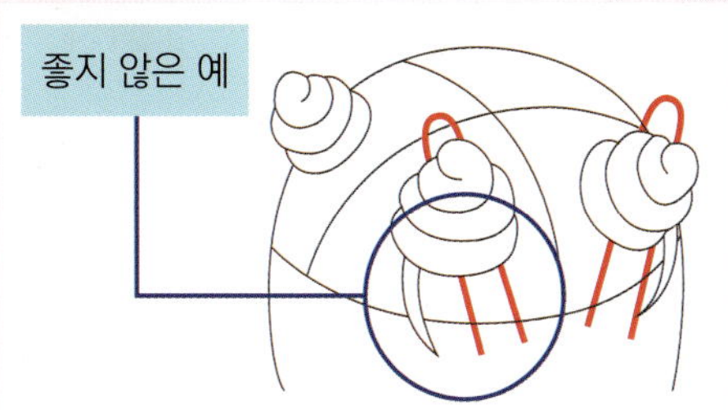

<그림 Ⅳ-16> **호일워크를 위하여 각 섹션의 모발 고정 방법**(자료제공: 밀본 코리아)

MEMO

3) 섹셔닝 완성 결과

<그림 Ⅳ-17> **호일워크를 위하여 각 섹션의 블로킹 완성 작품**(자료제공: 밀본 코리아)

MEMO

4) 호일워크 시 판넬 방법과 칩뜨는 방법

ㄱ. 슬라이스 한 판넬을 검지와 중지 사이에 끼워서 살짝 당긴다.

ㄴ. 팔꿈치를 손가락과 평행이 되도록 지탱하는 것이 포인트이다.

ㄷ. 칩을 뜨는 방법의 좋은 예

○ 좋은 예

알아두기

칩을 뜨는 방법의 좋지 않은 예

X 좋지 않은 예

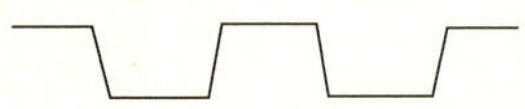

<그림 Ⅳ-18> **호일워크를 위한 모발 잡는 법과 칩을 뜨는 방법**(자료제공: 밀본 코리아)

5) 호일 접는 방법

시간 단축과 깨끗한 시술을 위해서 호일 접는 방법이 큰 포인트이다.

ㄱ. 손바닥을 펴서 손가락 끝에서 부터 팔꿈치까지 수평이 되도록 펴고 호일을 그 위에 올린다.

ㄴ. 빗 꼬리를 호일의 중간부분에 대고 받치고 있는 소지 위로 올려 호일의 하단부분을 위로 접는다.

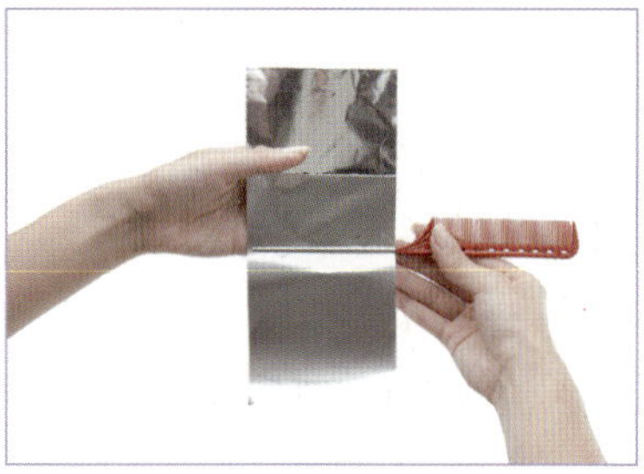

ㄷ. 사진과 같이 소지로 뒤에서부터 접어 올린다.

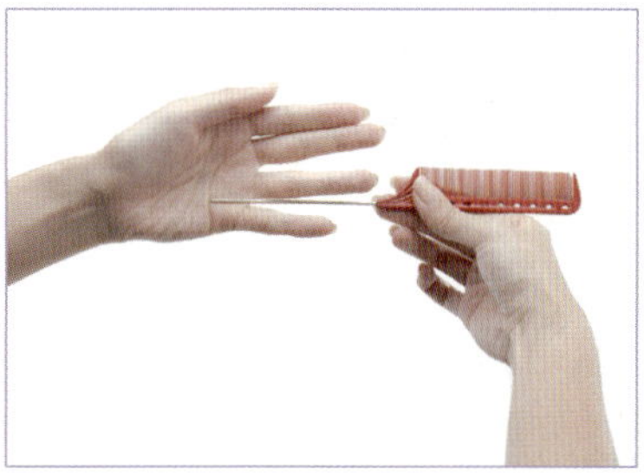

ㄹ. 빗 꼬리를 넣어 중심을 결정한 채로 지탱하고 있는 엄지로 호일의 끝과 끝을 맞춘다.

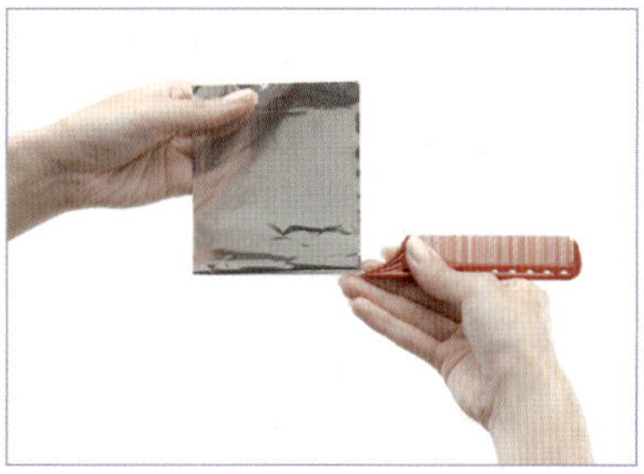

ㅁ. 호일 접은 자국이 생기면 빗 꼬리를 빼내어 한 번 더 호일의 아래 1/3의 위치에서 같은 방법으로 지탱하고 있는 소지 위로 들어올린다.

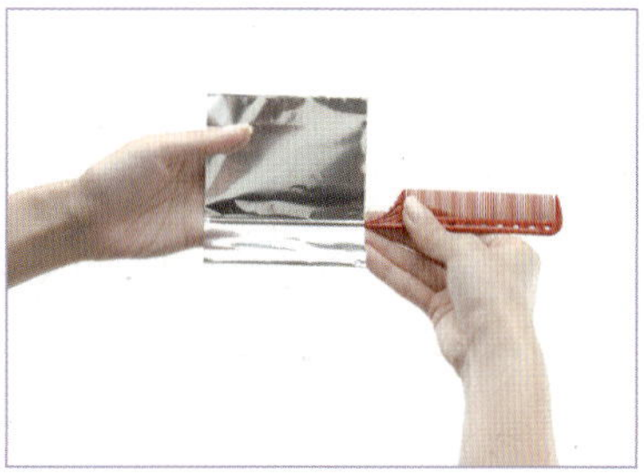

MEMO

MEMO

ㅂ. 들어 올려 접은 호일 하단 부분을 엄지손가락으로 고정시키고 빗 꼬리를 빼낸다.

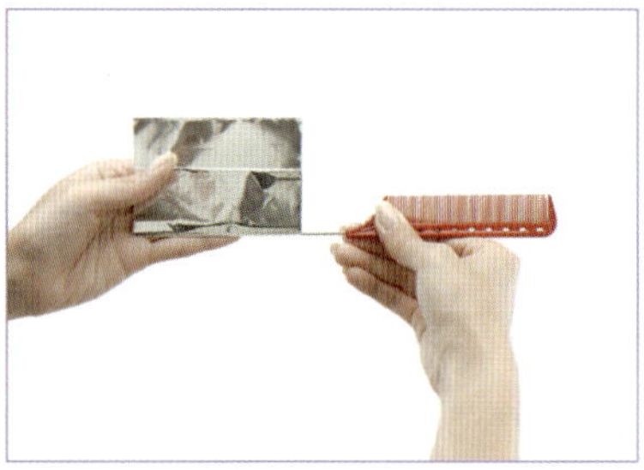

ㅅ. 사이드를 고정하기 위해서 1cm정도 안쪽으로 빗등을 대어 받치고 있는 손바닥에 눌러 가운데로 접어 넣는다.

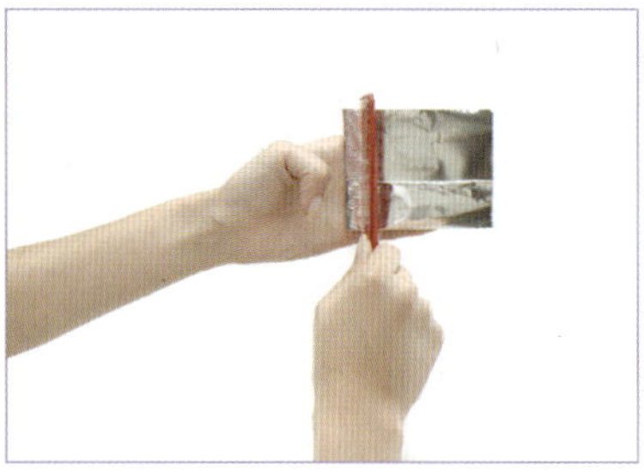

ㅇ. 접어 넣을 때 빗살의 등 부분을 눕혀 가볍게 눌러준다.

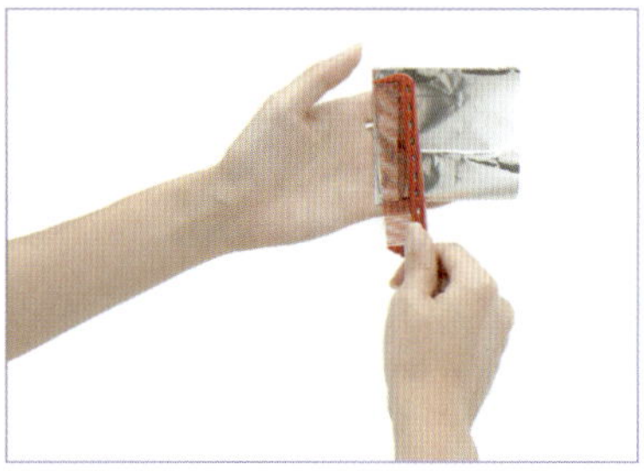

ㅈ. 반대쪽도 같은 방법으로 진행한다.

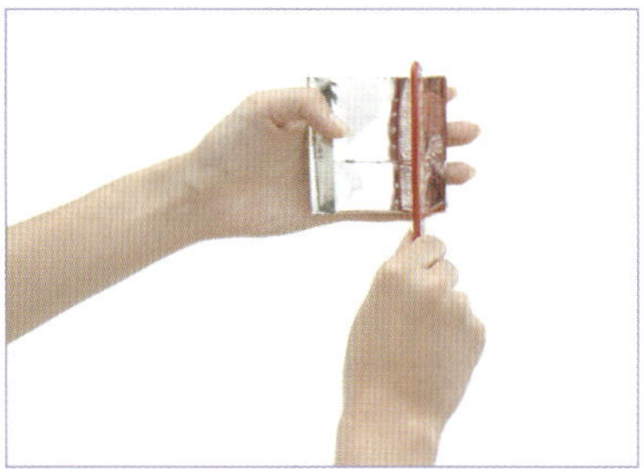

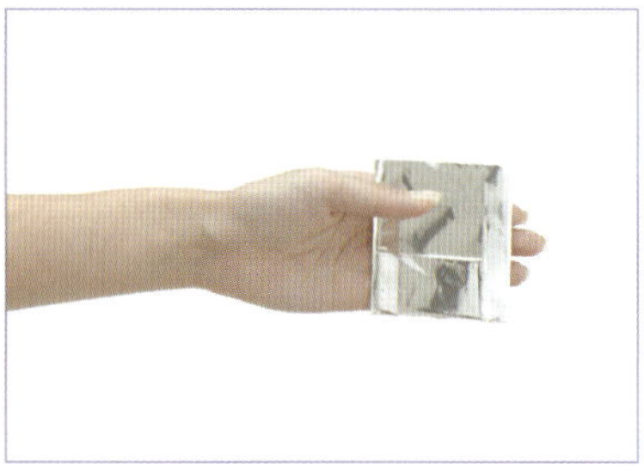

ㅊ. 완성

<그림 Ⅳ-19> **호일워크를 위한 호일 접는 방법**(자료제공: 밀본 코리아)

6) 벨트 감는 방법

ㄱ. 두개피부에 접촉시켜 모근에 한쪽을 짧게 하여 벨트를 놓는다.

ㄴ. 짧은 쪽 끝을 호일에 맞추어 접고 나머지 한쪽 끝도 호일에 맞춰 아래로 접는다.

ㄷ. 호일의 뒤쪽도 벨트가 확실히 두개피부에 붙도록 돌려 감아 남은 끝을 위로 접어 올리다.

※ 마지막으로 벨트의 양단을 꼭 눌러서 고정한다.

ㄹ. 벨트를 감은 완성된 모습.

<그림 Ⅳ-20> **호일워크를 위한 벨트 감는 방법**(자료제공: 밀본 코리아)

> **알아두기**
>
> 깨끗하게 감는 요령
>
> 두개피부에 접촉시켜 호일의 폭에 맞추어 확실히 접고, 접은 부분을 최종적으로 꽉 죄어준다.

MEMO

MEMO

7) 섹션 별 호일워크 진행 방법

ㄱ. 프런트 박스

· 페이스라인 쪽과 전발의 발제선 부분에 커버링한다.

· 페이스 라인은 5mm 슬라이스로, 나머지는 1cm 슬라이스 한다.

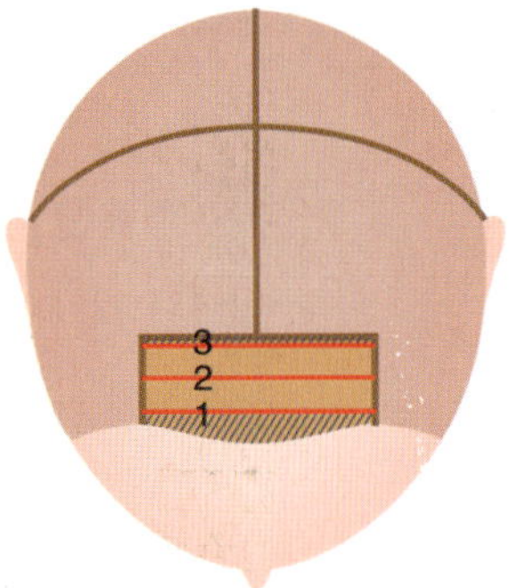

ㄴ. 톱과 사이드 섹션

· 페이스라인에 따라서 3장을 세로로 붙인다.

· 커버링을 위해 페이스 라인의 첫 장은 라인에 따라서 5mm 슬라이스로 나머지는 1cm의 슬라이 스 한다. 페이스 라인에 따라서 3장을 세로로 붙인다.

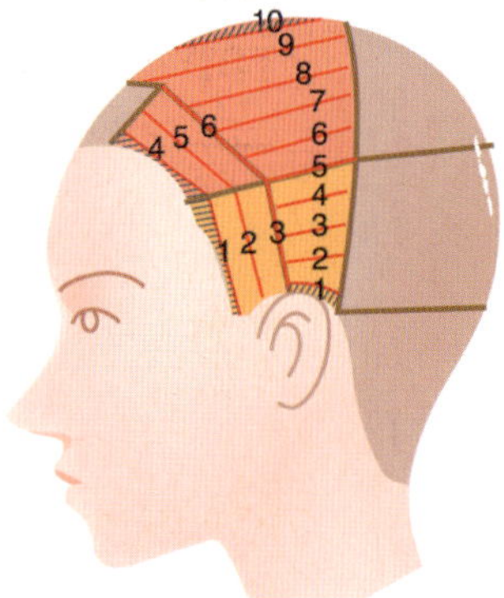

ㄷ. 트라이앵글 섹션

· 미들 섹션 상단의 남은 부분을 첫 번째 슬라이스로 하여 1cm 간격으로 좌우 2장씩 떠서 사이의 남아있는 부분을 바닥과 수평이 되도록 같은 방법으로 파트한다.

· 마지막 파트 라인에는 2mm의 커버링을 남겨둔다.

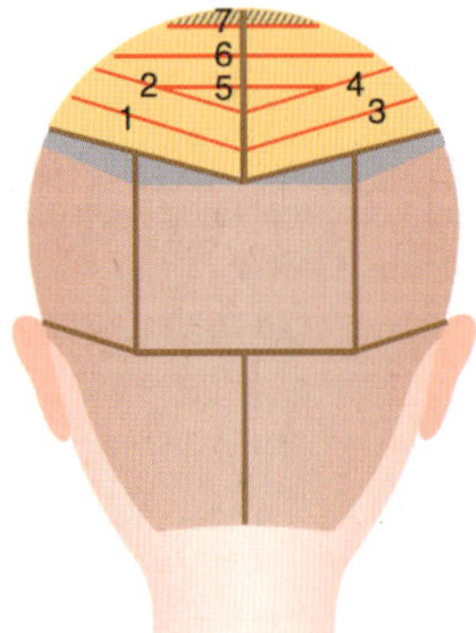

ㄹ. 미들 섹션

· 1cm 슬라이스로 각 블럭에 5장씩 파트해 준다.

· 센터 블럭의 가장 윗부분의 라인이 M자로 되어있기 때문에 그 양쪽 튀어 나온 부분은 파트하지 않는다.

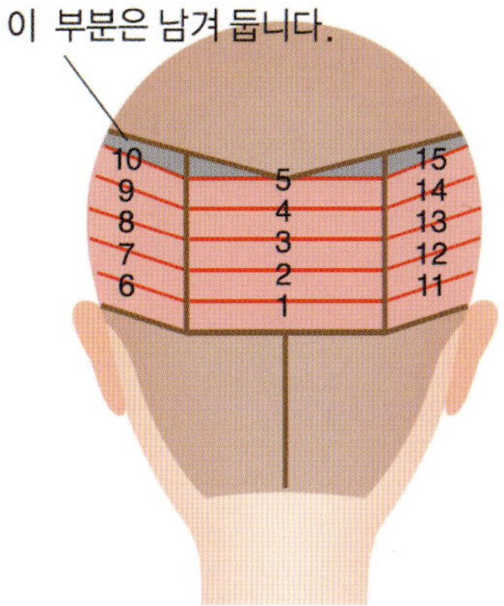

ㅁ. 네이프 섹션

- 네이프 라인의 첫 번째 장은 5mm 슬라이스로 하며, 2mm의 커버링이 남도록 한다.
- 두번째 장 이후로는 1cm 슬라이스로 진행해 간다.
- 네이프 사이드를 호일할 때에는 확실히 팔꿈치를 들고 손의 각도에 주의한다.

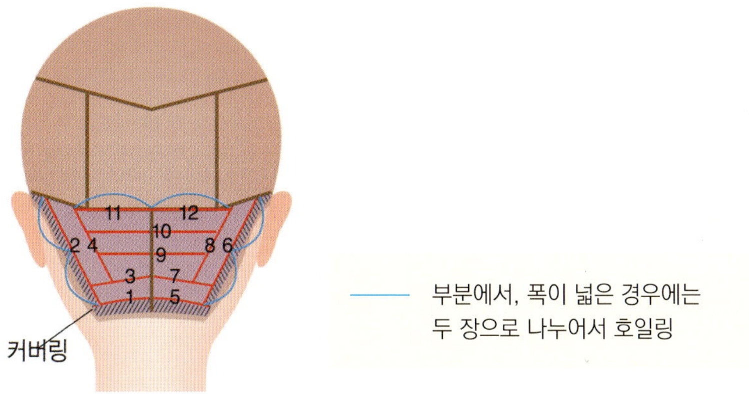

<그림 Ⅳ-21> **섹션별 호일워크 진행 방법**(자료제공: 밀본 코리아)

MEMO

8) 섹셔닝 타임 기준

ㄱ. 전체 호일워크(풀 헤드) - 작업시간 40분

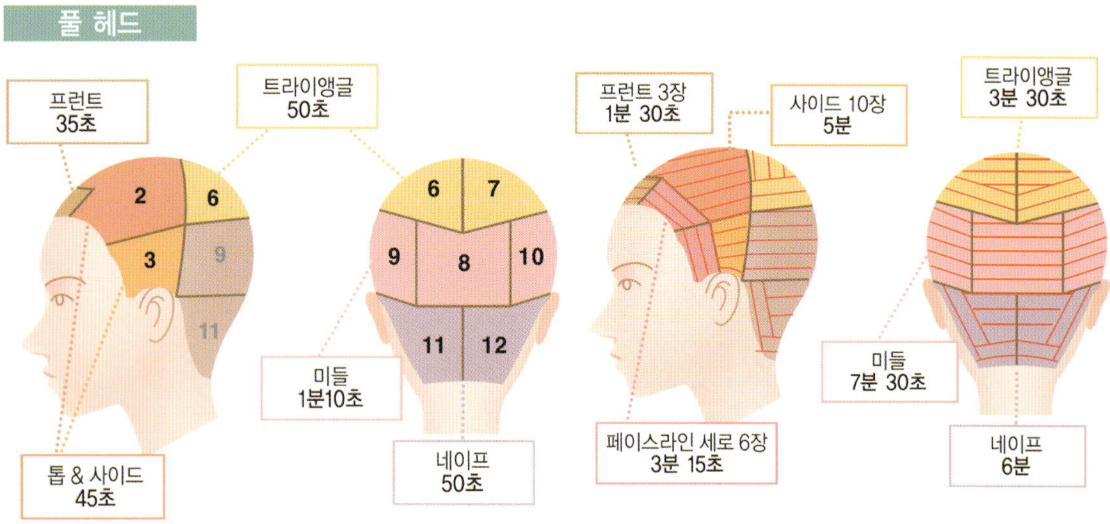

<그림 Ⅳ-22> **풀 헤드 호일워크 영역별 진행 시간**(자료제공: 밀본 코리아)

9) 호일 작업 순서

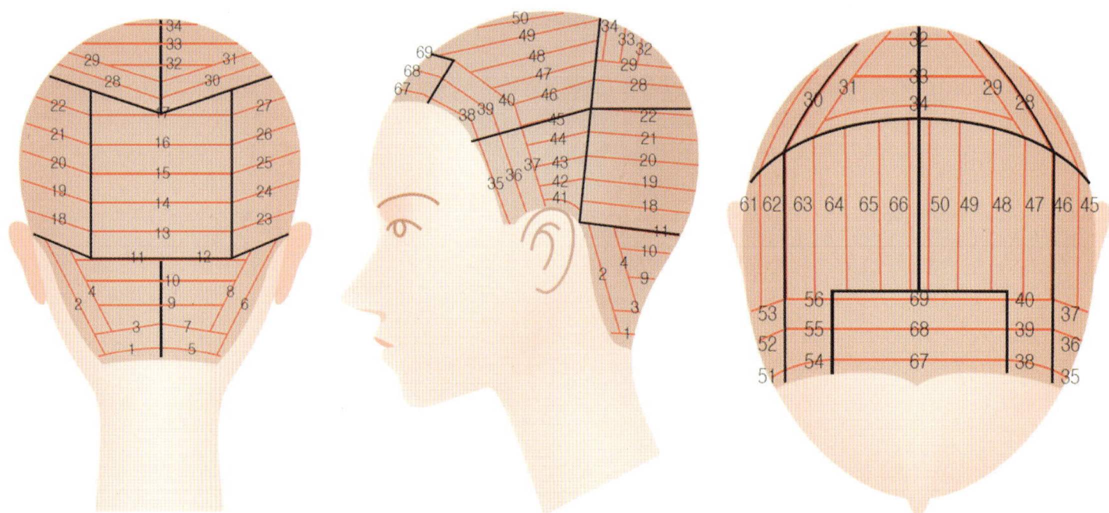

<그림 Ⅳ-23> **호일워크 작업 순서**(자료제공: 밀본 코리아)

5. 호일워크의 응용

1) 호일워크 응용의 실제

고객의 스타일에 웨이브가 있을 경우 사이드와 네이프에 슬라이스를 세로로 함으로써 모발의 질감을 강조할 수 있다.

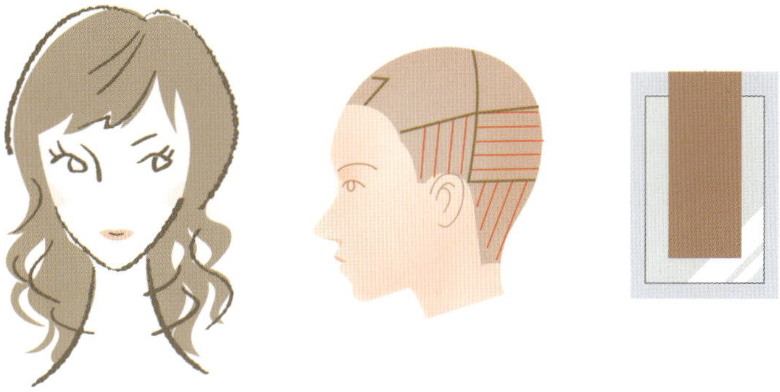

<그림 Ⅳ-24> 웨이브 스타일에서의 질감표현의 예시(자료제공: 밀본 코리아)

질감을 강조하기 위해서는 칩의 폭을 넓게 만들어 표현할 수 있고, 각 파팅마다 칩의 폭을 그라데이션하여 자연스럽게 표현한다.

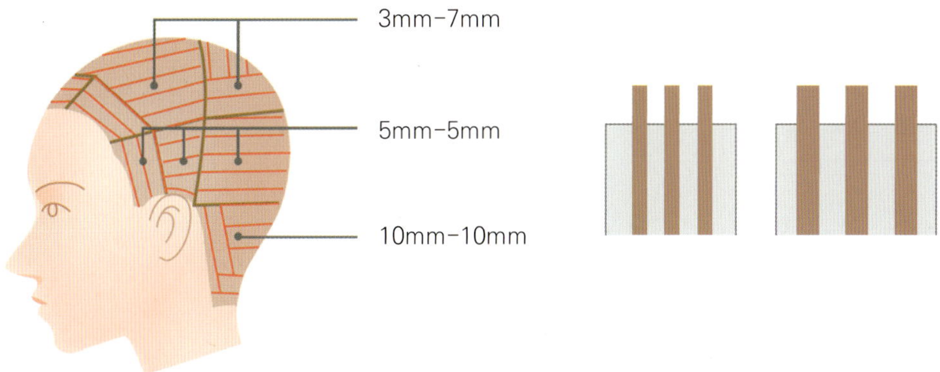

<그림 Ⅳ-25> 웨이브 스타일에서의 질감표현의 예시(자료제공: 밀본 코리아)

MEMO

2) 뱅에서의 호일 배치 방법

뱅(앞머리)에 헤비 사이드가 있는 경우

앞머리 부분의 섹셔닝을 비스듬히 삼각형으로 나누어

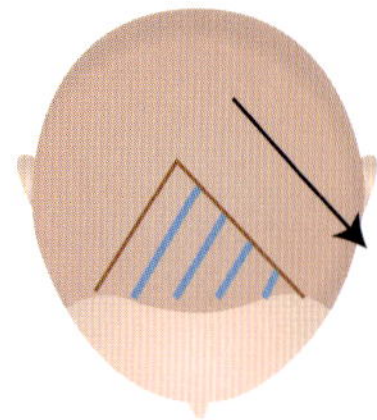

Harmony

모류에 대해서 수직으로 붙인다.

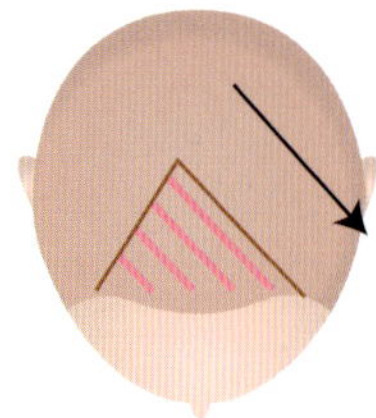

Contrast

평행으로 붙인다.

뱅(앞머리)에 가르마가 없는 경우

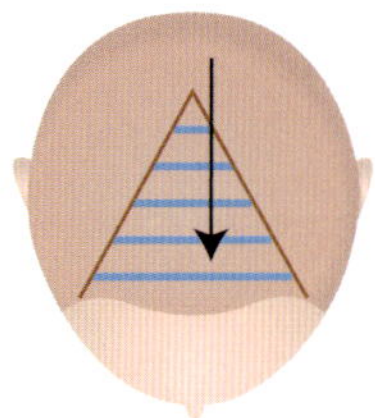

Harmony

페이스 라인측으로 모류에 대해서 수직으로 붙여간다.

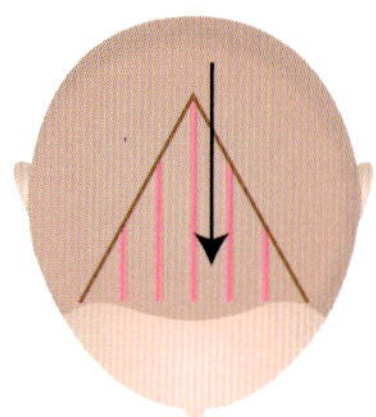

Contrast

센터에서 모류에 대해서 평행으로 붙여간다.

뱅(앞머리)가 앞가르마인 경우

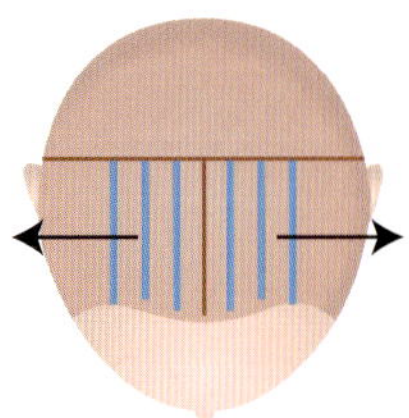

Harmony

앞가르마에서 모류에 대해 수직으로 붙여간다. 톱 부분은 폭이 넓기 때문에 2장으로 나누어 붙인다.

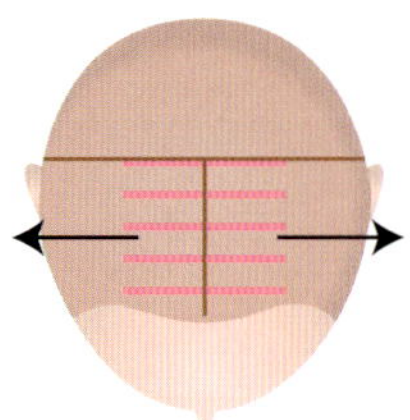

Contrast

앞가르마에 대해서 평행으로 붙여간다.

<그림 Ⅳ-26> **뱅내 호일의 위치**(자료제공: 밀본 코리아)

3) 스타일에 따른 호일 배치 방법

① 보브스타일

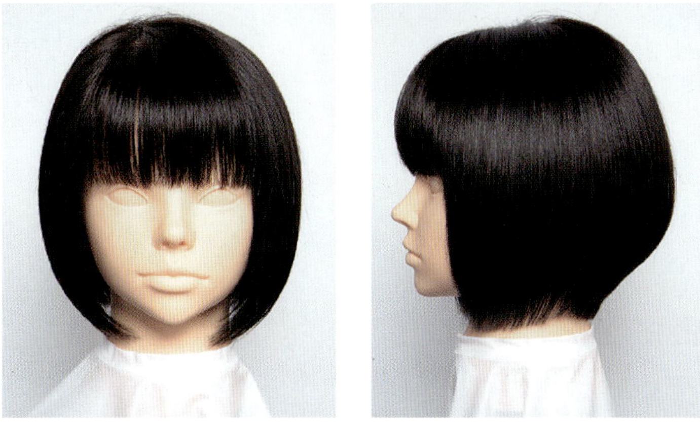

<그림 Ⅳ-27> **스타일에 의한 호일배치**(자료제공: 밀본 코리아)

표면에 모발이 전체를 뒤덮고 있기 때문에 표면과 사이드만 시술합니다.

미들-네이프섹션을 생략한다.

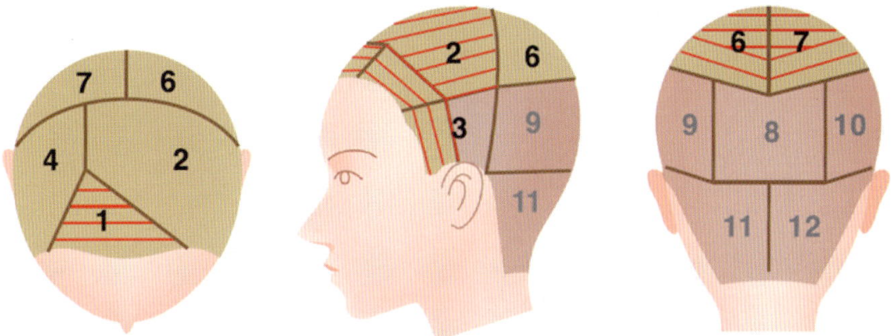

MEMO

MEMO

② 레이어 스타일

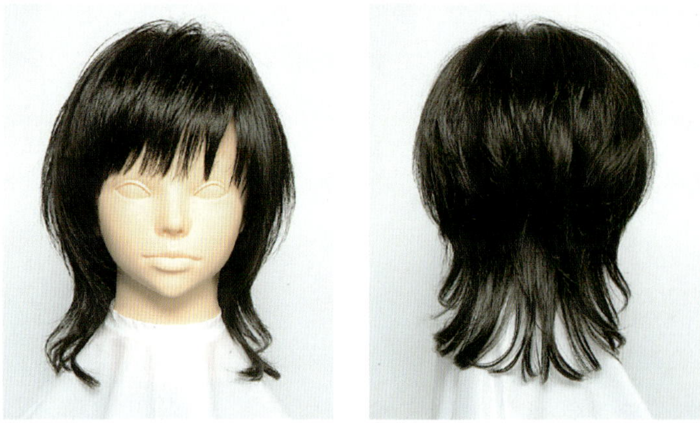

<그림 Ⅳ-28> **스타일에 의한 호일배치**(자료제공: 밀본 코리아)

미들섹션이 거의 뒤덮는 양이 많은 스타일의 경우는 표면-사이드-네이프에 시술합니다.

미들섹션을 생략한다.

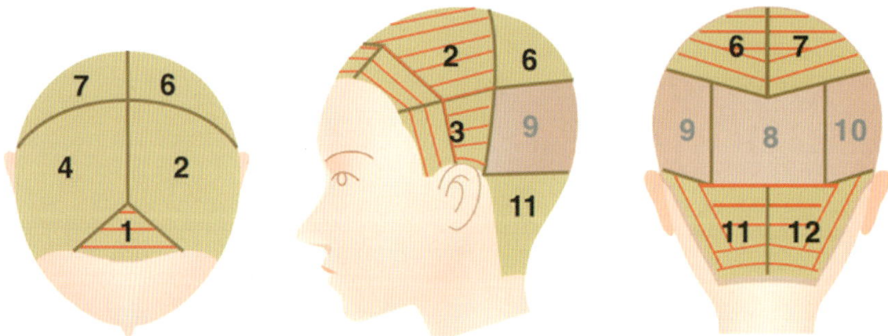

③ 무게감이 있는 레이어 스타일

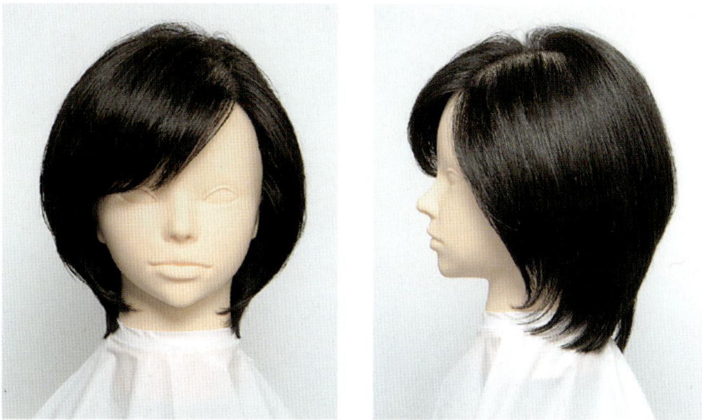

<그림 Ⅳ-29> **스타일에 의한 호일배치**(자료제공: 밀본 코리아)

네이프 섹션이 두꺼운 경우는 네이프 섹션 이외에 시술합니다.

네이프 섹션을 생략한다.

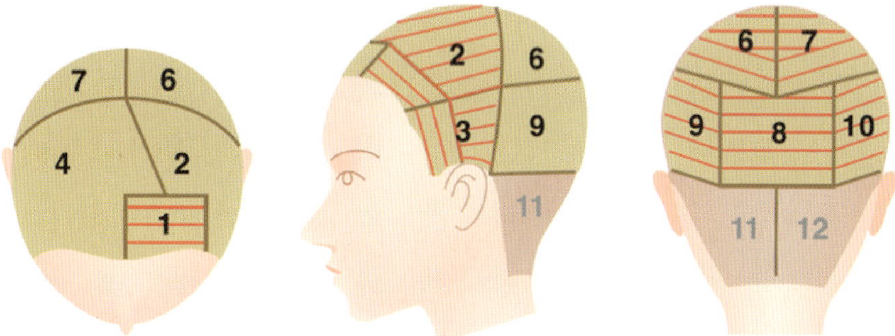

MEMO

MEMO

6. 호일 작업 체크 포인트

· 올바른 눈높이를 유지하며 시술하고 있는가?
· 팔꿈치는 슬라이스에 평행한가?
· 슬라이스는 깨끗하고 정확한가?
· 칩의 폭은 정확한가?
· 받치고 있는 손과 빗을 쥐고 있는 손이 고정되어, 흔들림 없이 칩이 떠지는가?
· 도포량은 적절한가?
· 염모제의 누출은 없는가?
· 모근까지 호일링이 되어져 있는가?
· 블럭 워크(벽돌 쌓기)는 정확한가?
· 커버링은 잘 되어 있는가?
· 벨트는 정확하게 감겨 있는가?
· 모간 끝 부분의 처리는 잘 되어있는가?
· 배열은 깨끗한가?

실습 과제 : 호일워크 테크닉 활용

· 실습 준비물

염모제, 산화제 20v(6%) 1개, 염색 볼과 브러시 각 1개, 호일, 위빙콤, 호일워크 브러시, 염모제, 벨트, U핀, 클립, 4개, 캡 가발, 인모 100% 1개, 민두와 홀더 각 1개, 수건, 블로드라이어, 라운드 브러시, 염색용 장갑

1) 실습 진행방법(실습 소요시간: 120분)

① 호일워크를 위하여 각 섹션의 블로킹 방법
② 호일워크를 위하여 각 섹션의 블로킹 완성 작품
③ 호일워크를 위한 모발 잡는 법과 칩을 뜨는 방법
④ 호일워크를 위한 호일 접는 방법
⑤ 호일워크를 위한 벨트 감는 방법
⑥ 섹션별 호일워크 진행 방법의 순서로 작업을 진행한다.

2) 실습 결과 체크 포인트

① 풀 헤드 호일워크 영역별 진행 시간

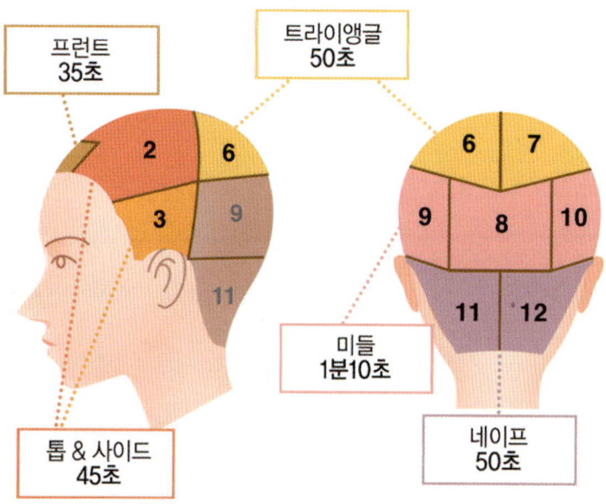

MEMO

MEMO

☑ 호일워크 작업 체크 포인트

① 올바른 눈높이를 유지하며 시술하고 있는가?
② 팔꿈치는 슬라이스에 평행 한가?
③ 슬라이스는 깨끗하고 정확한가?
④ 칩은 정확한가?
⑤ 받치고 있는 손과 빗을 쥐고 있는 손이 고정되어, 흔들림 없이 칩이 떠지는가?
⑥ 도포량은 적절한가?
⑦ 염모제의 누출은 없는가?
⑧ 모발 뿌리부분까지 호일 링이 되어져 있는가?
⑨ 블럭 워크(벽돌 쌓기)는 정확한가?
⑩ 커버링은 잘 되어 있는가?
⑪ 벨트는 정확하게 감겨 있는가?
⑫ 모발 끝 부분의 처리는 잘 되어있는가?
⑬ 배열은 깨끗한가?

3) 실습 평가

구분	평가 내용	평가 결과		
		미흡	보통	우수
기술	- 염모제 도포의 숙련도? (작업 시간, 섹션의 폭의 조절)			
지식	- 위의 실습 체크 포인트 13가지 항목의 수행 결과는?			
태도	- 실습 준비는 철저히 하였는가? - 실습 과정과 마무리 정리 정돈은 잘하였는가?			

MEMO

학습정리

1. 컬러 디자인의 목적은 고객 스타일에 따른 이미지의 연출이다.
2. 컬러 디자인 시 고객별 연령, 고객의 직업, 고객의 선호 색상(좋아하는 색상과 싫어하는 색상), 선호 색상과 피부 톤과의 관계, 고객의 스타일(커트의 형태와 볼륨의 위치), 조 화의 이미지 또는 개성의 이미지 연출 등을 고려하여야 한다.
3. 컬러 디자인기술은 위빙, 슬라이스, 패널, 포인트 등의 다양한 방법이 있다. 이 때 입체적 인 구성을 위한 방향성, 볼륨, 질감, 모양, 크기, 각도 등 테크닉의 다양한 조합을 통해 다양한 스타일을 표현한다.
4. 헤어 디자인 구성의 3요소는 형태, 질감, 컬러로 이루어지며, 3요소가 서로 결합 되고 개성 스타일, 개성 트렌드가 복합적으로 고려되면서 디자인이 완성된다.
5. 일반적으로 형태를 4가지로 구분한다. 삼각형, 역삼각형, 마름모형, 직사각형으로 구분을 하지만, 컬러를 디자인하는 데 있어서의 한계가 나타나므로 형태를 더 자세하게 7가지로 구분을 하기도 한다.
6. 질감은 모발의 겉표정이 가지고 있는 모습이며 모발이 갖고 있는 성질을 이용하여 다양한 형태로 구성할 수 있다. 질감은 매끄러운 스트레이트와 강한 컬의 웨이브와 약한 컬의 웨 이브로 구분된다.
7. 색상 계열은 차가운 색상의 계열과 따뜻한 색상의 계열로 구분할 수 있다.
8. 영역(zone)이란: 블록을 이용한 컬러 디자인으로서 작은 영역을 이용하여 서로 다른 컬러 (색상이나 명도)를 통해 볼륨감을 형성하거나 제거하는 것을 말한다.
9. 존과 존 사이의 명도 차이를 두는 이유는 볼륨의 형성과 제거를 만들기 위해서이다. 즉 명 도의 차이가 나지 않으면 볼륨감이 나타나지 않기 때문이다.
10. 컬러 디자인의 이미지 연출에는 개성 이미지 연출과 조화로운 이미지 연출로 구분할 수 있다.

참고문헌

곽진만 외, 스페셜 헤어컬러리스트, 청구문화사, 2014
곽진만 외, 헤어컬러리스트, 청구문화사, 2011
곽진만 외, 컬러코디 컨설턴트, 뷰티에듀테인먼트, 2013
류은주 외, 염탈색 미용교육론, 한국학술정보(주), 2012
김민선 외, 헤어 컬러 디자인, 도서출판 예림, 2006
문음배, 색채의 활용, 도서출판 국체, 2002
비자지즘: 끌로드 주리아 세미나
색체의심리 : 국제이미지컨설턴트

참고자료

http://old.ncs.go.kr/nos/dispatcher.jsp
(국가직무능력표준 구 사이트)

자료제공

웰라 코리아, 밀본 코리아, 로레알 코리아

찾아보기

INDEX

저자소개

곽진만(한국헤어컬러리스트협회)
김진숙(영산대학교)
류은주(한서대학교)
박　용(한라대학교)
신화남(한서대학교)
이복희(서경대학교)
이옥규(서원대학교)

헤어컬러링 교육방법론

2016년 3월 5일 초판인쇄
2016년 3월 10일 초판발행

지은이 : 곽진만·김진숙·류은주·박 용·신화남·이복희·이옥규
펴낸이 : 이상태
펴낸곳 : 청구문화사
(03706) 서울특별시 서대문구 성산로11길 15
전　화 : 02-332-0541(代)　FAX : 02-337-9577
등　록 : 1990년 11월 2일 제9-247호

가격 30,000원
ISBN 978-89-5616-687-2 93590